职业院校增材制造技术专业系列教材

逆向建模与产品创新设计

主　编	刘永利	张　静	
副主编	樊　静	郑泽锋	陆军华　张岩成
参　编	艾　亮	林继胜	何宇飞　康　健
	赵淑影	汪名兴	肖方敏　丁双喜
	李清舰	李鑫东	张　冲　那晓旭
	董文启	梁土珍	周　强　王　跃
	刘鲁刚	朱晶晶	
主　审	付宏生		

机械工业出版社

本书由有丰富产品逆向设计与创新设计经验的教师与企业工程师共同编写。本书的内容选择和结构安排是以"创想杯"增材制造（3D 打印）设备操作员竞赛赛题中的热熔胶枪、前杠支架、板类零件、卡具、翼子板、点火枪、自行车车灯等产品为项目载体，依据产品的逆向设计和创新设计流程安排设计任务，在流程中反映设计任务，在任务中体现设计流程，结构体系清晰，便于读者学习和理解。本书设有 7 个项目，包含 20 个任务，按照学习目标、任务描述、任务分析、必备知识、任务实施、任务评价、人物风采、拓展资源顺序安排体例，每一项任务均用 COMET 职业能力测评评价任务实施的情况，从而检验实施者的综合职业能力。

本书可作为高职高专、技师学院、中等职业学校增材制造技术、模具设计与制造、机械设计与制造、机械制造及自动化、数字化设计与制造技术、工业设计等专业的教材；也可以作为职业技能大赛涉及逆向建模与产品创新设计内容的参考书；还可以作为从事逆向工程及产品创新设计应用技术人员的培训教材或参考书。

图书在版编目（CIP）数据

逆向建模与产品创新设计/刘永利，张静主编. —北京：机械工业出版社，2022.9（2023.9 重印）

职业院校增材制造技术专业系列教材

ISBN 978-7-111-71568-9

Ⅰ.①逆… Ⅱ.①刘… ②张… Ⅲ.①产品设计-计算机辅助设计-应用软件-高等职业教育-教材 Ⅳ.①TB472-39

中国版本图书馆 CIP 数据核字（2022）第 167879 号

机械工业出版社（北京市百万庄大街 22 号 邮政编码 100037）

策划编辑：陈玉芝 王晓洁 责任编辑：陈玉芝 王晓洁

责任校对：张亚楠 李 婷 封面设计：张 静

责任印制：邹 敏

北京瑞禾彩色印刷有限公司印刷

2023 年 9 月第 1 版第 2 次印刷

184mm×260mm · 12.75 印张 · 339 千字

标准书号：ISBN 978-7-111-71568-9

定价：59.80 元

电话服务 网络服务

客服电话：010-88361066 机 工 官 网：www.cmpbook.com

010-88379833 机 工 官 博：weibo.com/cmp1952

010-68326294 金 书 网：www.golden-book.com

封底无防伪标均为盗版 机工教育服务网：www.cmpedu.com

职业院校增材制造技术专业
系列教材编委会

前　言

本书是全国行业职业技能竞赛、全国电子信息服务业职业技能竞赛、"创想杯"增材制造（3D 打印）设备操作员竞赛的转化成果之一。

逆向设计和产品创新设计已成为产品开发和创新的一种重要手段，被广泛应用于机械工程、汽车、家电、航空航天、生物医学、建筑和文化创意等领域。随着越来越多的企业将逆向设计和产品创新设计技术引入产品开发，企业对具备逆向设计和产品创新设计的知识及能力的高素质高技能型人才的需求逐年增多，本书出版的目的就是为了培养更多具有产品逆向设计和创新设计能力的专业技术技能型人才。

本书全面落实党的二十大报告关于"实施科教兴国战略，强化现代化建设人才支撑"，"深入实施人才强国战略"重要论述，明确把培养大国工匠和高技能人才作为重要目标，大力弘扬劳模精神、劳动精神、工匠精神。深入产教融合，校企合作，为全面建设技能型社会提供有力人才保障。

本书在编写过程中，以逆向设计和产品创新设计应用为重点，包含必要的理论知识，遵循"项目驱动、任务引领"的高职课程改革理念，以"创想杯"增材制造（3D 打印）设备操作员竞赛赛题中涉及的产品为项目载体，依据产品开发流程设计任务，强化技术应用，将逆向设计和产品创新设计两部分知识和技能融于一体，使读者能在短时间内获取逆向设计与产品创新设计的基本知识及基本能力。全书设有 7 个项目，项目一介绍逆向工程技术的概念、工作流程、实施条件及应用；项目二介绍三维数据采集的分类与比较、Win3DD 单目三维扫描仪硬件结构和软件功能、热熔胶枪扫描流程、手持激光三维扫描仪工作原理和连接方法、工件扫描前预处理方法、前杠支架扫描方法与步骤；项目三介绍 Geomagic Wrap 软件界面功能和工作流程、热熔胶枪数据处理方法与步骤、前杠支架数据处理方法与步骤；项目四介绍 Geomagic Design X 软件界面功能和工作流程、热熔胶枪数模重构方法与步骤、前杠支架数模重构方法与步骤；项目五介绍 Geomagic Control X 软件界面功能和工作流程、板类零件数据分析与检测的方法与步骤；项目六介绍 NX 软件界面功能和工作流程、热熔胶枪的创新设计方法、卡具减重创新设计方法；项目七介绍自行车车灯三维扫描和 CAD 数模重构方法与步骤、翼子板的三维扫描和缺陷修复方法与步骤、点火枪喷头逆向造型和创新设计方法与步骤，以人脸识别测温门设计与安装为案例，介绍解决工程项目问题的方法，培养综合职业能力。

本书具有以下特色：

1. 以新技术发展为主题，突出技术应用

内容选取上，力求反映逆向设计和产品创新设计发展的最新动态和实际需求，作者团队紧紧围绕新技术、新工艺、新设备在典型产品的逆向设计与产品创新设计中的具体应用来组织内容，同时把产品逆向设计与产品创新设计的工作流程及技术应用贯穿于项目设置和任务实施中。

2. 以 "项目驱动，任务引领" 为理念，设计内容结构

按照产品逆向设计和产品创新设计流程设计项目。在项目的设计中，将逆向设计和产品创新设计及其应用通过知识点、案例、实际操作等进行有机结合；将知识、技术与方法通过案例教学使学生对产品的快速开发有整体认识，有针对性地强化学生对逆向设计和产品创新设计的理解及应用能力。

3. 以产品为对象，流程为脉络，设计学习任务

按照产品逆向设计和创新设计的流程：三维数据扫描→数模重构→创新设计→三维检测，将典型产品贯穿于整个流程，设计学习任务。在流程中反映任务，任务中体现流程，使其结构清晰，便于学生学习和理解。

4. 校企合作编写教材

在本书的开发过程中，注重与企业的联系，与工程技术人员一起探讨教材的内容，参与教材的开发。编写团队由一线骨干教师、企业资深工程技术专家和全国技术能手等组成，技术能力强，经验丰富，实现了校企共同开发。

5. 以培养综合职业能力为目标，把 COMET 职业能力测评融入书中

本书共计设有 20 个任务，每一项任务都用 COMET 职业能力测评评价任务实施的情况，从而检验实施者的综合职业能力；在最后一个项目中设有应用综合职业能力的一个案例，介绍解决工程项目问题的方法，运用 COMET 对实施者进行综合评价，培养不但具有硬技能，还具有软技能的人才。

6. 内容体现立德树人的理念，融入思政元素，实现教育全程育人

每个任务都设有人物风采，为课堂教学提供主导性思政视角，在向学生传授专业科学知识的同时，引导学生培养求真务实、精益求精、吃苦耐劳的工匠精神，为学生知识、能力、素质的协调发展创造条件，实现知识传授和价值引领相统一。

参加本书编写的有：刘永利、张静、樊静、郑泽锋、陆军华、张岩成、艾亮、林继胜、何宇飞、康健、赵淑影、汪名兴、肖方敏、丁双喜、李清舰、李鑫东、张冲、那晓旭、董文启、梁土珍、周强、王跃、刘鲁刚、朱晶晶。其中刘永利、赵淑影编写了项目一；张静、张岩成、周强、丁双喜、陆军华、肖方敏、刘鲁刚、朱晶晶编写了项目二；郑泽锋、李清舰编写了项目三；何宇飞、樊静、林继胜、康健、董文启、李清舰编写了项目四；张静、李清舰、艾亮编写了项目五；汪名兴、李鑫东、那晓旭、张冲、刘鲁刚、王跃编写了项目六；张岩成、丁双喜、陆军华、肖方敏、梁土珍、董文启、刘永利编写了项目七。全书由刘永利、张静统稿和定稿。

资深专家清华大学基础训练中心顾问付宏生教授担任本书的主审，并对本书的编写提出了宝贵的建议和意见。参加本书编写的院校和企业有：江苏电子信息职业学院、首钢工学院、金华职业技术学院、四平职业大学、聊城市技师学院、鞍山技师学院、徐州技师学院、广州市机电技师学院、北京科技高级技术学校、烟台船舶工业学校、长春市机械工业学校、平湖市职业中专、杭州中测科技有限公司、安徽三维天下科技股份公司、杰魔（上海）软件有限公司、西门子工业软件（上海）有限公司、中国航发沈阳黎明航空发动机有限责任公司、上海联宏创能信息科技有限公司、渭南鼎信创新智造科技有限公司等。此外，感谢 COMET 职业能力测评专家广西机械工程学会副理事长梁建和教授对本书的编写给予的精心指导；特别感谢北京企学研教育科技研究院搭建增材制造技术专业教材编写平台，并组织相关技术专家和老师共同本书的编写。

由于作者水平有限，书中难免存在疏漏及不足之处，恳请广大读者批评指正，并提出宝贵意见。

编 者

逆向建模与产品创新设计二维码清单

编号	名称	二维码	编号	名称	二维码
1-1-1	逆向工程技术认知微课		3-1-3	Wrap 软件认知视频 1	
1-2-1	逆向工程技术应用微课		3-1-4	Wrap 软件认知视频 2	
2-1-1	三维扫描技术认知微课		3-1-5	Wrap 软件认知视频 3	
2-2-1	热熔胶枪的三维数据采集微课		3-2-1	热熔胶枪的点云数据处理思路微课	
2-3-1	前杠支架三维数据采集的策略微课		3-2-2	热熔胶枪的点云数据预处理微课	
2-3-2	前杠支架三维数据采集前的预处理方式微课		3-2-3	填充热熔胶枪的多边形漏洞孔微课	
2-3-3	前杠支架的三维数据采集常用技巧微课		3-2-4	热熔胶枪的点云数据封装微课	
3-1-1	Wrap 软件界面介绍微课		3-2-5	热熔胶枪的处理数据导出微课	
3-1-2	Wrap 软件工作流程微课		3-3-1	前杠支架点云数据处理思路微课	

续

3-3-2	前杠支架的数据摆正微课		4-3-3	前杠支架坐标对齐微课	
3-3-3	前杠支架点云数据处理微课		4-3-4	前杠支架拔模、移动面指令微课	
3-3-4	前杠支架填充孔微课		4-3-5	前杠支架抽壳微课	
3-3-5	前杠支架的数据处理导出微课		4-3-6	前杠支架外形数模重构操作过程微课	
4-1-1	Geomagic Design X 软件认知微课		5-1-1	Geomagic Control X 软件认知1微课	
4-2-1	热熔胶枪外形数模重构思路微课		5-1-2	Geomagic Control X 软件认知2微课	
4-2-2	热熔胶枪外形数模重构前的对齐微课		5-2-1	对齐、3D 比较和 2D 比较微课	
4-2-3	胶枪枪体前部数模重构微课		5-2-2	2D 几何尺寸标注和创建报告微课	
4-2-4	胶枪枪体头部数模重构微课		5-2-3	3D 几何尺寸标注和公差标注微课	
4-2-5	热熔胶枪枪体后部数模重构微课		5-2-4	板类零件 Geomagic Control X 数据分析与检测微课	
4-3-1	前杠支架数模重构思路微课		6-1-1	NX 软件介绍视频1	
4-3-2	前杠支架拔模相关知识微课		6-1-2	NX 软件介绍视频2	

续

6-1-3	NX 软件介绍视频 3		7-2-4	翼子板的三维数据修复技巧微课	
6-2-1	热熔胶枪创新设计微课		7-3-1	点火枪坐标对齐微课	
6-3-1	卡具减重的创新设计微课 1		7-3-2	点火枪喷头主体建模微课	
6-3-2	卡具减重的创新设计微课 2		7-3-3	点火枪底座特征建模微课	
7-1-1	自行车车灯三维扫描和 CAD 数模重构微课		7-3-4	点火枪连接特征建模微课	
7-2-1	翼子板的扫描策略微课		7-3-5	点火枪喷头创新设计微课	
7-2-2	翼子板的数据采集与修复策略微课		7-4-1	人脸识别测温门设计与安装微课	
7-2-3	翼子板的三维扫描和缺陷修复视频		7-4-2	应用 COMET 进行职业能力测评案例微课	

目　录

项目一　逆向工程技术概述

任务一　逆向工程技术认知

学习活动1　学习目标

技能目标：

（1）能够分析传统设计与逆向设计的不同之处。

（2）能够制订逆向工程的工艺路线。

知识目标：

（1）理解逆向工程的概念。

（2）掌握逆向工程的工艺路线。

（3）了解逆向工程的实施条件。

素养目标：

（1）培养追求卓越、勇于创新的科学精神。

（2）培养分析问题和解决问题的能力。

（3）通过采用COMET能力模型对学习者提出要求，提升学习者的综合职业能力。

学习活动2　任务描述

某进口汽车因为曲轴断裂，去4S店修理，由于国内没有该型号的曲轴，客户急需用车，进口配件时间又较长，所以只能在国内生产。请问：如何做才能实现在国内生产该曲轴？

学习活动3　任务分析

要想实现在国内生产该曲轴，必须有曲轴的生产图样。首先需要生成该曲轴三维数字模型的设备，并通过逆向设计软件得到该曲轴的图样，然后用数控机床加工出客户所需要的曲轴。

学习活动4　必备知识

一、逆向工程的概念

逆向工程（Reverse Engineering，RE）也称反求工程或反向工程等，是通过各种测量手段及三维几何建模方法，将原有实物转化为三维数字模型，并对模型进行优化设计、分析和加工的过程。

产品的传统设计过程是基于功能和用途，从概念出发绘制出产品的二维图样，而后制作三维几何模型，经检查满意后再制造出产品来，采用的是从抽象到具体的思维方法，如图 1-1 所示。

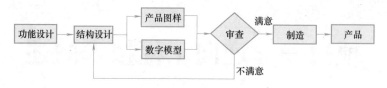

图 1-1　传统设计过程

逆向设计过程是对已有实物模型进行测量，并根据测得的数据重构出数字模型，进而进行分析、修改、检验、输出图样，然后制造出产品的过程，如图 1-2 所示。

图 1-2　逆向设计过程

简单来说，传统设计和制造是从图样到零件（产品），而逆向工程的设计是从零件（或原型）到图样，再经过制造过程到零件（产品），这就是逆向的含义。

在产品开发过程中，多数产品由于形状复杂，包含许多自由曲面，很难通过计算机直接建立数字模型。通常需要基于物理模型（样本）或参考原型进行分析、改造或工业设计。例如，车身的设计和覆盖件的制造通常由工程师通过手工制作泥塑或树脂模型来形成原型，然后使用三维测量方法来获得原型的数字模型，最后进行零件设计、有限元分析、模型修改、误差分析和数控加工等。

二、逆向工程的工艺路线

应用逆向工程技术开发产品一般采用的工艺路线：①首先用三维数字化测量仪器准确、快速地测量出轮廓坐标值，并建构曲面，经编辑、修改后，将图样转至一般的 CAD/CAM 系统；②再将 CAM 所产生的刀具的数控加工路径送至数控加工机床制作所需模具，或者采用 3D 打印技术将样品模型制作出来，具体工艺路线如图 1-3 所示。

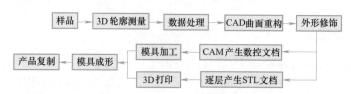

图 1-3　逆向工程开发产品的工艺路线

三、逆向工程的实施条件

随着计算机辅助设计理论和技术的发展与应用，以及 CAD/CAE/CAM 集成系统的开发和商业化，产品实物的逆向设计首先通过三维扫描仪以及各种先进的数据处理手段获得产品的数字信息，然后充分利用逆向工程软件或者正向设计软件，快速、准确地建立实体几何模型。在工程分析的基础上最终制成产品，形成逆向工程与 CAD/CAE/CAM 集成的产品开发流程。该技术实施的条件包括硬件、软件两大类。

1. 硬件条件

逆向工程技术实施的硬件包含前期的三维扫描设备和后期的产品制造设备。

三维扫描设备为产品三维数字化信息的获取提供了硬件条件。不同的测量方式，决定了扫描本身的精度、速度和经济性，还造成了测量数据类型及后续处理方式的不同。数字化的精度决定 CAD 模型的精度及反求的质量，测量速度也在很大程度上影响反求过程的快慢。目前常用的测量方法在这两方面各有优缺点，并且有一定的适用范围，所以在使用时应根据被测物体的特点及对测量精度的要求来选择对应的测量设备。

产品制造设备主要有切削加工设备，以及快速成形设备（3D 打印机）。

2. 软件条件

在专用的逆向工程软件问世之前，CAD 模型的重建都依赖于正向的 CAD/CAM 软件，如 NX⊖、IDES、Creo⊖等。由于逆向建模的特点，正向的 CAD/CAM 软件不能满足快速、准确的模型重建需要，伴随着对逆向工程及其相关技术理论的深入研究及其成果的广泛应用，大量的商业化专用逆向工程 CAD 建模系统日益增多。目前，市场上提供逆向建模功能的系统达数十种之多，具有代表性的专业逆向软件有 Imageware、Geomagic Design X、RapidForm 和 Copy-CAD 等。在一些流行的 CAD/CAM 集成系统中也开始集成了逆向设计模块，如 CATIA 中的 DES、QUS 模块，Pro/E 中的 Pro/SCAN 功能，Cimatron 中的 Reverse Engineering 功能模块等，NX 软件已将 Imageware 集成为其专门的逆向模块。而这些系统的出现，为逆向工程设计人员实施逆向工程提供了极大的方便。下面介绍四款专用的逆向设计软件。

（1）Geomagic Design X 软件 此软件是美国 3DSystems 公司推出的一款功能强大的逆向工程设计软件，是 Geomagic 系列软件中专门用于曲面模型重构的软件，是业界最有效的基于 3D 扫描的 CAD 解决方案。该软件具有结合实体数模、高级曲面建模、网格编辑和点云数据处理等功能。Geomagic Design X 软件拥有对点云数据丰富的处理功能，对于零件模型的不完整表面数据，可根据局部的网格面数据自动识别并提取得到完整的特征和约束，特别是其基于二维草图模式下的特征截面轮廓线的参数化逆向建模方式，是较其他逆向建模软件最具优势的地方。

（2）Imageware 软件 此软件由美国 EDS 公司出品，后被德国 Siemens PLM Software 所收购，现在并入旗下的 NX 产品线，是最著名的逆向工程软件。Imageware 因其强大的点云处理能力、曲面编辑能力和曲面构建能力而被广泛应用于汽车、航空、航天、家电、模具和计算机零部件等设计与制造领域。Imageware 采用 NURBS 技术，功能强大，处理数据的流程遵循点—曲线—曲面的原则，流程清晰，并且易于使用。

（3）Decam Copy CAD Pro 软件 此软件由英国 Decam 公司出品，是世界知名的专业化逆向/正向混合设计 CAD 系统，采用全球首个 Tribrid Modelling 三角形、曲面和实体三合一混合造型技术。它集三种造型方式为一体，创造性地引入逆向/正向混合设计的理念，成功地解决了传统逆向工程中不同系统相互切换、烦琐耗时等问题，为工程人员提供了人性化的创新设计工具，从而使得"逆向重构+分析检验+外形修饰+创新设计"在同一系统下完成。Decam Copy CAD Pro 软件为各个领域逆向/正向设计提供了快速、高效的解决方案。

（4）RapidForm 软件 此软件是韩国 INUS 公司出品的。RapidForm 软件提供了新一代运算模式，可实时将点云数据运算出无接缝的多边形曲面，使它成为 3D 扫描后处理最佳的接口。RapidForm 也会使工作效率提升，使 3D 扫描设备的运用范围扩大，改善扫描品质。

学习活动 5 任务实施

首先用三维扫描仪对断裂的曲轴进行扫描，获取其点云数据，并对点云数据进行处理转

⊖ 原名为 UG。

⊖ 原名为 Pro/E。

换成多边形曲面，得到 STL 模型；然后通过逆向设计进行曲面造型，得到三维实体数据；最后用自动编程软件获取加工程序，并用数控机床加工完成，具体实施方案如图 1-4 所示。

学习活动6　任务评价

对学习者完成的任务采用 COMET 能力模型进行评价。评分者按照观测评分点给学习者的测评解决方案打分。每个观测评分点设有"完全不符合""基本不符合""基本符合"和"完全符合"四个档次，对应的得分为 0 分、1 分、2 分、3 分（下面的其他任务评价方式与之相同，后续任务评价不再一一叙述）。具体评价见表 1-1。

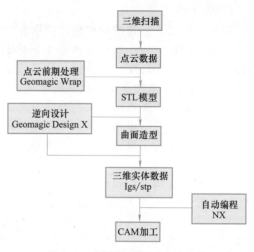

图 1-4　曲轴逆向设计实施方案

表 1-1　基于 COMET 能力测评评价表

序号	评分项说明	完全不符合	基本不符合	基本符合	完全符合
1	对车主来说，解决方案的表述是否容易理解？				
2	对技术人员来说，是否恰当地描述了解决方案？				
3	是否直观形象地说明了任务的解决方案（如：用图、表）？				
4	解决方案的层次结构是否分明？描述解决方案的条理是否清晰？				
5	解决方案是否与专业规范或技术标准相符合（从理论、实践、制图、数学和语言等）？				
6	解决方案是否满足功能性要求？				
7	解决方案是否达到"技术先进水平"？				
8	解决方案是否可以实施？				
9	表述的解决方案是否正确？				
10	是否考虑到实施方案的过程的效率？				

学习活动7　人物风采

从工人到院士，卢秉恒与3D打印的故事

航天梦从小就在卢秉恒的心中埋下了种子，但不曾想到的是，他的航天路从工人开始，完成了到院士的"破壁"。大学毕业后的卢秉恒被分配到一家工厂做车床工人，改革开放之初，卢秉恒已是两个孩子的父亲，他顶着生活的压力，考取了西安交通大学的研究生，师从顾崇衔教授，直到博士毕业。人生新篇章就此打开。

博士毕业后，卢秉恒作为访问学者前往国外交流学习，在参观一家汽车企业的时候，一台设备引起了他的注意。"那是一台 3D 打印设备，只需要将 CAD 模型输进去就可以把原型做出来，这在中国没见到过，我感到很新奇。"卢秉恒当即决定将自己的研究方向转向这个新兴领域，他认为这是发展我国制造业的一个好契机。

回国后，起初卢秉恒想引进这种机器，然而机器的价格十分昂贵，光是一个激光器就需要十几万美元。由于资金紧缺，他不得不打消这个念头。面对"技术+资金"的双重壁垒，卢秉恒决心靠自己的力量"破壁"，从头开始研发这项技术。不知道技术的工作原理，他就自己一步一步通过实践探索出来；买不起昂贵的零件和原材料，就联合其他科技工作者自己花小成本制作出来。终于，在他和团队的共同努力下，不仅制造出来了原型机，还获得了科技部的资助，自此卢秉恒顺利展开了对增材制造技术的探索，并且让这项技术在中国的土地上"生根发芽"。

自1993年以来，卢秉恒在国内率先开展"光固化快速成型制造系统"研究，开发出了具有国际先进水平的机光电一体化快速制造设备及专用材料，形成了一套国内领先的"产品快速开发系统"。其中有五种设备和三类材料已经形成产业化生产，国产化率由0提高到80%以上，且有些技术及参数与国外相比，具有突破性。目前我国自主研发的3D打印设备与技术，多应用于航空航天、医疗等行业，如航空发动机的机匣、飞机发动机的一部分零件、火箭推进器的燃料储箱等。卢秉恒团队将投入下一代火箭，9m多的运载火箭连接环的研发。相比国外，我国3D打印研究起步并不晚，在航空航天和医疗领域的3D打印技术应用上，我国还走在世界前列。但产业发展太慢、企业规模不足，和国外相比仍然有不小的差距。卢秉恒说，"我们有信心在'中国制造2025'中，提前10年实现以3D打印为代表的增材制造目标，与美国并驾齐驱"！

做一流学问，创顶尖技术。卢秉恒研究的3D打印技术实现了产品的快速开发，创新了产品的结构设计，节省了大量时间和人力。随着生产技术的突破，3D打印将继续在航空航天、医疗等多个领域发挥力量。

学习活动8 拓展资源

1. 逆向工程技术认知PPT。
2. 逆向工程技术认知微课。
3. 课后练习。

1-1-1 逆向工程
技术认知微课

任务二 逆向工程技术应用

学习活动1 学习目标

技能目标：

(1) 能够了解逆向工程技术的应用。

(2) 能够应用逆向工程技术解决实际问题。

知识目标：

(1) 掌握逆向工程技术的三个应用方法。

(2) 熟悉逆向工程技术在工程领域的作用。

素养目标：

(1) 培养忠诚担当、科学报国、勇于献身的革命精神。

(2) 培养勇攀高峰、敢为人先的创新精神。

(3) 通过采用COMET能力模型对学习者提出要求，培养学习者的综合职业能力。

学习活动2 任务描述

四川省文物考古研究院公布了新一批三星堆考古出土文物，其中一张完整的金面具格外引人注目，如图1-5所示。请问：为了让普通人能够近距离观看历史文物，如何快速仿制三星堆面具造型？

图1-5　三星堆面具

学习活动3　任务分析

要想快速仿制三星堆面具造型，需综合利用逆向工程技术和3D打印技术，按照一定的制作流程来完成。首先，通过三维扫描设备对实物原型进行测量数据采集，得到产品数字模型；然后利用逆向工程软件对几何模型进行重构，并加以分析、设计和修改，获取该产品的工程模型；最后用3D打印机复制加工，完成对已有产品的再设计和再创造。

学习活动4　必备知识

逆向工程技术作为先进制造技术的重要组成部分，是一项开拓性、实践性和综合性很强的技术，是国内外工业领域关注的热点之一。目前，逆向工程技术的应用可分为三个层次：①仿制，这是逆向工程应用的低级阶段，应用于修复破损的文物、艺术品，或缺乏供应的损坏零件等；②改进设计，这是逆向工程的中级应用，在产品的先进技术基础之上，优化分析结构性能、设计模型重构、再制造并改进国内外先进的产品和技术，极大地缩短产品开发周期，有效地占领市场主导地位；③创新设计，这是逆向工程的高级应用，在航空航天、汽车外形和模具生产等行业，产品通常由复杂的自由曲面拼接而成，设计者需先把产品形态视觉化，设计草图后制作模型，并用测量设备测量产品外形，建构CAD模型，再在此基础上进行设计，最终制造出产品。

一、仿制

仿制在新产品发展中是不可避免的，例如市场上一些热门通信电子产品，多是由企业模仿他人的产品而仿形、仿造生产的。在只有实物模型、缺少工艺参数的条件下，利用逆向工程技术能够实现从"实物原型"到"实物复制件"。通过操作三维扫描设备，将已经存在的产品或零件进行测量数据的采集，再将数字模型转换成设计模型，修改模型参数，重建与实物原型相符的CAD模型，进而加工，实现产品零件的仿制。例如，在零件损坏或磨损，缺少二维设计图样或者原始设计参数情况下，可通过逆向工程方法，利用三维扫描将实物零件转化为数字模型，从而对零件进行复制、还原或修补，并快速生产这些零部件的替代零件，以再现原产品或零件的设计意图，进而提高零件所在设备的利用率并延长其使用寿命。

随着消费者个性化需求的日益增多，各个行业愈加重视对产品形态的外观美学设计，以此来吸引顾客，占有更多市场份额。仿制方法被各大行业广泛应用，在手机、数码相机、汽车等消费产品中体现得尤为突出。一些企业正是由于科学合理地采用了这种技术，分析同行业竞争对手的同类产品，对已有产品外观造型进行改进，才不断地提高了市场竞争力。德国某公司对BMW 135i敞篷版的汽车进行了仿制设计，如图1-6所示。

图1-6　汽车的仿制设计

二、改进设计

逆向工程技术作为一种先进的制造技术，正逐渐成为新产品二次开发的重要手段。在产品开发过程中，作为产品设计的重要组成部分，通过对实物原型进行拆解研究，直接通过成品结构特征分析推导出产品的设计原理，从而为产品改型升级和新品开发提供可行性的参考价值。产品的改进设计是基于现有产品基础上的整体优化和局部改进设计，它使产品更趋完善，更能适合人的需求、市场的需求和环境的需求。在不同的国家和地区，由于经济发展水平和自然条件不同，往往需要在同一产品上增加或减少一部分功能，或者使同一产品具备不同的功能。如西欧一些国家，习惯于用热水洗衣服，洗衣机就要增加电热设备。由于消费者的民族习惯、文化背景不同，形成了不同的审美观念，对产品的颜色和造型都有不同的要求。在产品进入市场之前，应在颜色和造型方面对原有产品进行改进，以适应当地消费者的需求和爱好。例如，某汽车公司对汽车面板进行了逆向建模与改进设计，如图 1-7 所示。

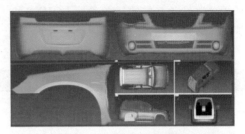

图 1-7　汽车面板的逆向建模与改进设计

三、创新设计

实现重大改型的创新设计，是逆向工程的真正价值和意义所在。新兴国家的发展多是从模仿开始的。二战后，为了尽快冲出经济困境，日本瞄准了美国的创意，引进了一大批美国先进的技术和设备，通过对设备和技术的拆卸和分解研究，计算机、消费品和通信产品等也均不例外，步步紧跟，从而实施模仿和创新的战略。如今的逆向工程已不是单纯仿制，而是创新工程，是重要的产品创新设计手段。

创新设计是指充分发挥设计者的创造力，利用人类已有的相关科技成果进行创新构思，设计出具有科学性、创造性、新颖性及实用成果性的产品的一种实践活动。创新设计可以从以下几个侧重点出发：①从用户需求出发，以人为本，满足用户的需求；②从挖掘产品功能出发，赋予老产品以新的功能、新的用途；③从成本设计理念出发，采用新材料、新方法、新技术，降低产品成本、提高产品质量、提高产品竞争力。例如，某高校学生对一款现有工程车进行了创新设计，如图 1-8 所示。

图 1-8　工程车的创新设计

逆向工程技术现已被广泛地应用到新产品开发和产品改型设计、产品仿制和质量分析检测等工程领域，它的作用有：①加快产品的造型和系列化的设计；②降低企业开发新产品的成本与风险；③缩短产品的设计、开发周期，加快产品的更新换代速度。图 1-9 所示是学生利用逆向工程技术设计的作品。

图 1-9　逆向设计作品

学习活动 5　任务实施

首先用三维扫描仪对三星堆面具进行扫描，获取其点云数据，并对点云数据进行处理得到 STL 模型；然后通过逆向技术进行曲面造型，得到三维实体数据；最后用 3D 打印机加工完成面具成品。

学习活动6 任务评价

对学习者完成的任务采用COMET能力模型进行评价。评分者按照观测评分点给学习者的测评解决方案打分。具体评价见表1-2。

表1-2 基于COMET能力测评评价表

序号	评分项说明	完全不符合	基本不符合	基本符合	完全符合
1	对参观者来说,解决方案的表述是否容易理解?				
2	对技术人员来说,是否恰当地描述了解决方案?				
3	是否直观形象地说明了任务的解决方案(如:用图、表)?				
4	解决方案的层次结构是否分明? 描述解决方案的条理是否清晰?				
5	解决方案是否与专业规范或技术标准相符合(从理论、实践、制图、数学和语言等)?				
6	解决方案是否满足功能性要求?				
7	解决方案是否达到"技术先进水平"?				
8	解决方案是否可以实施?				
9	表述的解决方案是否正确?				
10	是否考虑到实施方案的过程的效率?				

学习活动7 人物风采

钱学森回国前的故事

1949年,当第一面五星红旗在天安门广场上徐徐升起时,时任加利福尼亚工学院超音速实验室主任和"古根罕喷气推进研究中心"负责人的钱学森深为祖国的新生而高兴。他打算回国,用自己的专长为新中国服务。

1950年9月中旬,钱学森辞去了加利福尼亚工学院超音速实验室主任和"古根罕喷气推进研究中心"负责人的职务,办理了回国手续。他买好了从加拿大飞往香港的飞机票,把行李也交给了搬运公司装运。然而,就在他打算离开洛杉矶的前两天,忽然收到美国移民及归化局的通知——不准回国!移民局威胁道,如果私自离境,抓住了就要罚款,甚至要坐牢!又过了几天,钱学森被抓进了美国移民及归化局看守所,"罪名"是"参加过主张以武力推翻美国政府的政党"。

钱学森交给搬运公司的行李遭到美国海关及联邦调查局的检查,据说从中"查出"电报密码、武器图样之类的物品。移民及归化局要"审讯"钱学森,说钱学森是"美国共产党员"。后来又说钱学森在美国读书时认识的几个美国同学之中,有几个是美国共产党员。移民及归化局扬言钱学森"违反美国移民法",要把钱学森"驱逐出境"。这话说出口没多久,又连忙改口。因为要把钱学森"驱逐出境",这正是钱学森求之不得的!在看守所,钱学森像罪犯似的,被监禁着。钱学森曾回忆道:"我被拘禁的15天内,体重就下降了30斤。在拘留所里,每天晚上,特务要隔一小时就进来把你喊醒一次,使你得不到休息,精神上陷于极度紧张的状态。"

移民及归化局对钱学森的迫害引起了美国科学界的公愤。不少美国友好人士出面营救钱学森,为他找辩护律师。他们募集了15000美元作为保金,才总算把钱学森从看守所里保释出来。

　　1955 年 6 月，钱学森写信给当时的全国人大常委会副委员长陈叔通同志，请求党和政府帮助他早日回到祖国的怀抱。周总理得知后非常重视此事，并指示有关人员在适当时机办理此事。经过努力，1955 年 10 月 18 日，钱学森一家人终于回到阔别 20 年的祖国。不久，他便被任命为中国科学院力学研究所所长。

学习活动 8　拓展资源

1. 逆向工程技术应用 PPT。
2. 逆向工程技术应用微课。
3. 课后练习。

1-2-1　逆向工程
技术应用微课

项目二 三维数据采集

任务一 三维扫描技术认知

学习活动 1 学习目标

技能目标：

（1）能够对各种数据采集方法进行比较。

（2）能够根据扫描件的实际情况，选择适合的数据采集方法。

知识目标：

（1）了解数据采集方法的分类。

（2）了解各种数据采集方法的性能。

（3）掌握数据采集的基本要求。

素养目标：

（1）培养学以致用、报效祖国的爱国情怀。

（2）培养勤奋好学、善于钻研、乐于助人的优秀品格。

（3）通过采用 COMET 能力模型对学习者提出要求，培养学习者的综合职业能力。

学习活动 2 任务描述

某进口汽车因为曲轴断裂，去 4S 店修理，由于国内没有该型号的曲轴，客户急需用车，进口配件时间又较长，所以选择通过逆向设计在国内生产，逆向设计的第一步是进行三维数据采集。请问：如何选择合适的扫描设备对该曲轴进行三维数据采集？

学习活动 3 任务分析

要想快速准确地得到曲轴完整的三维数据，需要根据曲轴的结构特征，对各种数据采集方法进行比较，选择合适的扫描设备对曲轴进行三维扫描。

学习活动 4 必备知识

一、数据采集方法的分类

目前，用来采集物体表面数据的测量设备和方法多种多样，其原理也各不相同。不同的测量方法，不但影响了测量本身的精度、速度和经济性，还使得测量数据类型和后续处理方式不尽相同。根据测量探头是否接触物体表面，数据的采集方法可以分为接触式测量法和非接触式测量法两大类。接触式测量根据测头原理的不同，可分为基于力—变形原理的触发式和连续式。触发式测量主要适用于型面比较规则或自由曲面不太多且不太复杂的物体的数据采集；连续式测量主要适用于复杂的曲线、曲面和齿形等物体的数据采集。非接触式测量按其原理不同，分为光学式和非光学式，其中光学式包括激光三角形法、结构光法、激光干涉法、激光衍射法等，如图 2-1 所示。

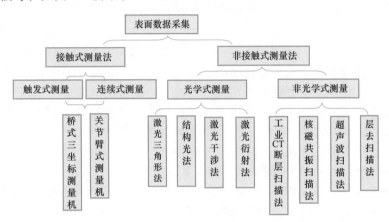

图 2-1　数据采集方法分类

1. 接触式测量法

接触式三维数据测量设备，是利用测量探头与被测量物体的接触，产生触发信号，并通过相应的设备记录下当时的标定传感器数值，从而获得三维数据信息。在接触式测量设备中，三坐标测量机（CMM）是应用最为广泛的一种测量设备，它主要分为桥式和关节臂式三坐标测量机。

（1）桥式三坐标测量机　随着工业现代化进程的发展，伴随着众多制造业如汽车、电子、航空航天、机床及模具工业的蓬勃兴起和大规模生产的需要，行业与企业对零部件互换性的要求越来越高，并对尺寸、位置和形状提出了更为严格的公差要求。除此之外，在要求加工设备提高工效、自动化更强的基础上，还要求计量检测手段应当高速化、柔性化与通用化。显然，传统的检测模式已不能满足现代柔性制造和更多复杂形状工件测量的需求。作为现代测量工具的典型代表，在接触式测量方法中，桥式三坐标测量机是应用最为广泛的一种测量设备。它以其高精度（达到 μm 级）、高效率（数十、数百倍于传统测量手段）、多用性（可代替多种长度计量仪器）、重复性好等特点，在全球范围内快速崛起并得到了迅猛发展。

桥式三坐标测量机是一种以精密机械为基础，综合数控、电子、计算机和传感等先进技术的高精度、高效率、多功能的测量仪器。该测量系统由硬件系统和软件系统组成，其中硬件可分为主机、测头、电气系统三大部分，如图 2-2 所示。

在工业生产的应用过程中，桥式三坐标

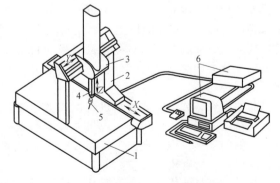

图 2-2　桥式三坐标测量机的组成

1—工作台　2—移动桥架　3—中央滑架

4—Z 轴　5—测头　6—电子系统

测量机可达到很高的测量精度（±0.5μm），对物体边界和特征点的测量相对精确，对于没有复杂内部型腔、特征几何尺寸多、只有少量特征曲面的规则零件检测特别有效。但在测量过程中，因为测头要与被测件接触，会存在测量力，对被测物体表面材质有一定要求。而且也存在需进行测头半径补偿、对使用环境要求较高、测量过程比较依赖于测量者的经验等不足，特别是对于几何模型未知的复杂产品，难以确定最优的采样策略与路径。

基于桥式三坐标测量机的上述特点，它多用于产品测绘、型面检测、工夹具测量等，同时在设计、生产过程控制和模具制造方面也发挥着越来越重要的作用，在汽车工业、航空航天、机床工具、国防军工、电子和模具等领域得到了广泛应用。

（2）关节臂式测量机 关节臂式测量机是三坐标测量机的一种特殊机型，其最早出现于1973年，是由 Romer 公司设计制造的。它是一种仿照人体关节结构，以角度为基准，由几根固定长度的臂通过绕互相垂直的轴线转动的关节互相连接，在最末的转轴上装有探测系统的坐标测量装置。其工作原理主要是设备在空间旋转时，设备同时从多个角度编码器获取角度数据，而设备臂长为一定值，这样计算机就可以根据三角函数换算出测头当前的位置，从而转化为 XYZ 的形式。

如今，国际上著名的生产关节臂式坐标测量机的公司有美国的 CimCore 公司、法国的 Romer 公司以及美国的 FARO 公司，这些公司的多款高质量产品已经在中国乃至全球市场占据了极高的市场份额。另外，意大利的 COORD3 公司、德国的 ZETT MESS 公司等均研制了多种型号的关节臂式坐标测量机，用在各种规则和不规则的小型零件、箱体和汽车车身、飞机机翼机身等的检测和逆向工程中，显示了其强大的生命力。其各自产品如图 2-3 所示。

a) CimCore公司产品　　b) Romer公司产品　c) FARO公司产品　d) ZETT MESS公司产品

图 2-3　国际公司生产的关节臂式测量机

与传统的三坐标测量机相比，关节臂式测量机具有轻巧便捷、功能强大、测量灵活、环境适应性强、测量范围较广等特点。如今，它已被广泛地应用于航空航天、汽车制造、重型机械、轨道交通、零部件加工、产品检具制造等多个行业。但关节数目越多在测头末端累积的误差就越大，因此，通常情况下，关节臂式测量机的精度比传统的三坐标测量机精度要略低，精度一般为 10μm 级以上，加上只能手动，所以选用时需注意应用场合。为了满足测量的精度要求，目前的关节臂式测量机一般为自由度不大于 7 的手动测量机。经过三十多年的不断发展，该类产品已经具有三坐标测量、在线检测、逆向工程、快速成型、扫描检测、弯管测量等多种功能。

总的来看，关节臂式测量机与桥式坐标测量机最大的不同点是，它可选配多种多样的测头：①接触式测头，可用于常规尺寸检测和点云数据的采集；②激光扫描测头，可实现密集点云数据的采集，用于逆向工程和 CAD 对比检测；③红外线弯管测头，可实现弯管参数的检测，从而修正弯管机执行参数等。

接触式测量的优点：①精度高，该种测量方式已经有几十年的发展历史，技术已经相对成熟，机械结构稳定，因此测量数据准确；②被测量物体表面的颜色、外形对测量均没有重要影响，并且触发时死角较小，对光强没有要求；③可直接测量圆、圆柱、圆锥、圆槽、球等几何特征，数据可输出到造型软件后期处理；④配合检测软件，可直接对几何尺寸和几何公差进行评价。

接触式测量的缺点：①测量速度较慢。由于采用逐点测量，对于大型零件的测量时间较长；②测头与被测物体接触会有磨损，需要定期校准或更换测头；③测量时需要有夹具和定位基准，有些特殊零件需要专门设计夹具固定；④需要对测头进行补偿。测量时得到的不是接触点的坐标值而是测量球心的坐标值，因此需要通过软件进行补偿，会有一定的误差；⑤在测量一些橡胶制品、油泥模型之类的产品时，测力会使被测物体表面发生变形从而产生误差，另外对被测物体本身也有损害；⑥测头触发的延迟及惯性，会给测量带来误差。

2. 非接触式测量法

非接触式测量法由于其高效性和广泛的适应性，并且克服了接触式测量的一些缺点，在逆向工程领域的应用和研究日益广泛。非接触式扫描设备是利用某种与物体表面发生相互作用的物理现象，如光、声和电磁等，来获取物体表面的三维坐标信息。其中，以应用光学原理发展起来的测量方法应用最为广泛，如激光三角法、结构光法等。非接触扫描方法测量迅速，并且不与被测物体接触，因而具有能测量柔软质地物体等优点，越来越受到人们的重视。

（1）激光三角法 激光三角法是目前最成熟，也是应用最广泛的一种主动式测量方法。激光扫描的原理如图 2-4 所示。由激光源发出的光束，经过一组可改变方向的反射镜组成的扫描装置变向后，投射到被测物体上。摄像机固定在某个视点上观察物体表面的漫射点，图 2-4 中激光束的方向角仅摄像机与反射镜间的基线位置是已知的，β 可由焦距 f 和成像点的位置确定。因此，根据光源、物体表面反射点及摄像机成像点之间的三角关系，可以计算出表面反射点的三维坐标。激光三角法的原理与立体视觉在本

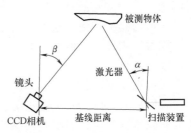

图 2-4 激光三角法测量原理图

质上是一样的，不同之处是将立体视觉方法中的一个"眼睛"置换为光源，而且在物体空间中通过点、线或栅格形式的特定光源来标记特定的点，可以避免立体视觉中对应点匹配的问题。加拿大 Creaform 公司 HandySCAN 系列扫描仪是这种方法的典型代表。

（2）结构光法 结构光三维扫描是集结构光技术、相位测量技术、计算机视觉技术于一体的复合三维非接触式测量技术。结构光扫描原理采用的是照相式三维扫描技术，是一种结合相位和立体的视觉技术，在物体表面投射光栅，用两架摄像机拍摄发生畸变的光栅图像，利用编码光和相移方法获得左右摄像机拍摄图像上每一点的相位。利用相位和外极线实现两幅图像上点的匹配技术，计算点的三维空间坐标，以实现物体表面三维轮廓的测量。结构光测量原理如图 2-5 所示。

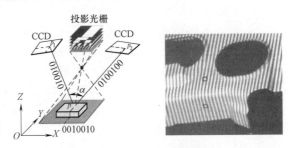

图 2-5 结构光测量原理

基于结构光法的扫描设备是目前测量速度和精度最高的扫描测量系统，特别是分区测量技术的进步，使光栅投影测量的范围不断扩大，成为目前逆向测量领域中使用最广泛和最成熟的测量系统。在国内，北京天远三维科技有限公司和清华大学合作、上海数造机电科技有限公司和上海交通大学合作、苏州西博三维科技有限公司与西安交通大学模具与先进成形技术研究所合作，已成功研制出具有国际先进水平、拥有自主知识产权的照相式三维扫描系统。

非接触式扫描的优点：①不需要进行测头半径补偿；②测量速度快，不需要逐点测量，

测量面积大，数据较为完整；③可以直接测量材质较软以及不适合直接接触测量的物体，如橡胶、纸制品、工艺品、文物等。

非接触式扫描的缺点：①大多数非接触式光学测头都是靠被测物体表面对光的反射接收数据的，因此对被测物体表面的反光程度、颜色等有较高要求，被测物体表面的明暗程度会影响测量的精度；②测量精度一般，特别是相对于接触式测头测量数据而言；③对于一些细节位置，如边界、缝隙、曲率变化较大的曲面容易丢失数据；④陡峭面不易测量，激光无法照射到的地方无法测量；⑤易受环境光线及杂散光影响，故噪声较高，噪声信号的处理比较困难。

3. 非接触式的非光学扫描

除三坐标测量机外，目前采集断层数据在实物外形的测量中呈增长趋势。断层数据的采集方法分为非破坏性测量和破坏性测量两种。非破坏性测量主要有工业 CT 断层扫描法、核磁共振扫描法、超声波扫描法等，破坏性测量主要有层去扫描法。

（1）工业 CT 断层扫描法　工业 CT 断层扫描法是对被测物体进行断层截面扫描。基于 X 射线的 CT 扫描以测量物体对 X 射线的衰减系数为基础，用数学方法经过计算机处理而重建断层图像。这种方法最早用于医学上，目前开始用于工业领域，形成工业 CT（ICT），特别用于中空物体的无损检测。这种方法是目前最先进的非接触测量方法，它可以测量物体表面、内部和隐藏结构特征。但是它的空间分辨率较低，获得数据需要较长的采集时间，重建图像计算量大，造价高。

目前工业 CT 已在航空、航天、军事工业、核能、石油、电子、机械、考古等领域广泛应用。我国从 20 世纪 80 年代初期也开始研究 CT 技术，清华大学、重庆大学、中国科学院高能物理研究所等单位已陆续研制出 γ 射线源工业 CT 装置，并进行了一些实际应用。

（2）核磁共振扫描法　核磁共振扫描法（MRI）的理论基础是核物理学的磁共振理论，是 20 世纪 70 年代末发展的十种新式医疗诊断影像技术之一，和 X-CT 扫描一样，可以提供人体断层的影像。其基本原理是用磁场来标定人体某层面的空间位置，然后用射频脉冲序列照射，当被激发的核在动态过程中自动恢复到静态场的平衡时，把吸收的能量发射出来，然后利用线圈来检测这种信号。信号输入计算机，经过处理转换，在屏幕上显示图像。它能深入物体内部且不破坏物体，对生物没有损害，在医疗上具有广泛应用。但这种方法造价高，空间分辨率不及 CT，且目前对非生物材料不适用。核磁共振成像自 20 世纪 80 年代初临床应用以来，发展迅速，并且还在蓬勃发展中。

（3）超声波扫描法　超声波扫描法的原理是当超声波脉冲到达被测物体时，在被测物体的两种介质边界表面会发生回波反射，通过测量回波与零点脉冲的时间间隔，即可计算出各面到零点的距离。这种方法相对 CT 和 MRI 而言，设备简单，成本较低，但测量速度较慢，且测量精度不稳定。目前主要用于物体的无损检测和壁厚测量。

（4）层去扫描法　以上三种方法为非破坏性测量方法，其设备造价比较昂贵，近来发展起来的层去扫描法相对成本较低。该方法用于测量物体截面轮廓的几何尺寸，其工作过程为：将被测物体用专用树脂材料（填充石墨粉或颜料）完全封装，待树脂固化后，把它装夹到铣床上，进行微进刀量平面铣削，得到包含有被测物体与树脂材料的截面，然后由数控铣床控制工作台移动到 CCD 摄像机下，位置传感器向计算机发出信号，计算机收到信号后，触发图像采集系统驱动 CCD 摄像机对当前截面进行采样、量化，从而得到三维离散数字图像。由于封装材料与被测物体截面存在明显边界，利用滤波、边缘提取、纹理分析、二值化等数字图像处理技术进行边界轮廓提取，就能得到边界轮廓图像。通过物像坐标关系的标定，并对此轮廓图像进行边界跟踪，便可获得被测物体该截面上各轮廓点的坐标值。每次图像摄取与处理完成后，再次使用数控铣床把被测物铣去很薄一层（如 0.1mm），又得到一个新的横截面，并完成前述的操作过程，如此循环就可以得到物体上相邻很小距离的每一截面轮廓的位置坐标。层去法可对具有孔及内腔的物体进行测量，测量精度高，数据完整，不足之处是这种测量是破坏性的。美国CGI公司已生产出层去扫描测量机。在国内，海信技术中心工业设计所和西安交通大学合作，研制成功具有国际领先水平的层析式三维数字化测量机（CMS系列）。

一般而言，非接触式非光学扫描具有如下优点：①对被测量物没有形状限制；②对被测量物没有材料限制。但也存在如下缺点：①测量精度较低，如工业CT扫描法和超声波扫描法测量精度为1mm；②测量速度较慢；③测量成本高。

二、各种数据采集方法的比较

实物样件表面的数据采集，是逆向工程实现的基础。从国内外的研究来看，研制高精度、多功能和快速的测量系统是目前数据扫描的研究重点。从应用情况来看，随着光学测量设备在精度与测量速度方面越来越具有优势，光学扫描仪测量得到了更为广泛的应用。常用测量方法的性能比较见表2-1。

表2-1　常用测量方法的性能比较

测量方法	测量精度	测量速度	测量成本	有无材料限制	有无形状限制
三坐标法	$0.6 \sim 30 \mu m$	慢	高	有	有
激光三角法	$\pm 5 \mu m$	一般	较高	无	有
结构光法	$\pm 1 \sim \pm 3 \mu m$	快	一般	无	有
工业CT断层扫描法	1mm	较慢	高	无	无
超声波测量法	1mm	较慢	较低	无	无
层去扫描法	$25 \mu m$	较慢	高	无	无

从表2-1可以看出，各种数据扫描方法都有一定的局限性。对于逆向工程而言，数据扫描的方式应满足以下要求：①扫描精度应满足实际的需要；②扫描速度快，尽量减少测量在整个逆向过程中所占用的时间；③数据扫描要完整，以减少数模重构时由于数据缺失带来的误差；④数据扫描过程中不能破坏原型；⑤降低数据扫描成本。

所以，应根据扫描件的实际情况，选择适合的测量方式，或者同时采用不同的测量方法进行互补，以得到精度高并且完整的扫描数据。例如，对自由曲面形状物体的数据扫描一般用非接触光学测量的方法，对规则形状物体的数据扫描一般用接触式测量。如果被测物体除具有不规则形状外，还有许多规则的细节特征，则用接触式和非接触式扫描的组合。如图2-6所示的零件，外形和型腔不规则，但具有许多凸台、孔的特征。如果仅用非接触式的光学测量方法，孔的边缘数据不够准确，会影响拟合后孔的位置，而这些孔是螺钉固定的配合孔，其位置很重要，所以用接触式测量方法来测定这些孔的相对位置关系更为合适。

图2-6　箱体

学习活动5　任务实施

根据曲轴的实际结构特征，在对各种数据采集方法进行比较后，决定采用光学扫描仪对曲轴进行扫描，以此来获取曲轴精度高并且完整的点云数据，为整个逆向设计的后续处理打下基础。

学习活动6　任务评价

对学习者完成的任务采用COMET能力模型进行评价。评分者按照观测评分点给学习者的测评解决方案打分。具体评价见表2-2。

表 2-2　基于 COMET 能力测评评价表

序号	评分项说明	完全不符合	基本不符合	基本符合	完全符合
1	对客户来说,是否直观形象地说明了任务的解决方案(如:用图、表)?				
2	解决方案是否与专业规范或技术标准相符合(从理论、实践、制图、数学和语言等)?				
3	解决方案是否满足功能性要求?				
4	解决方案是否达到"技术先进水平"?				
5	解决方案是否可以实施?				
6	表述的解决方案是否正确?				
7	解决方案的实施成本是否较低?				
8	是否考虑到实施方案的过程(工作过程)的效率?				
9	是否考虑到环境保护方面的相关规定并说明理由?				
10	是否形成一个既有新意同时又有意义的解决方案?				

学习活动 7　人物风采

心怀祖国的"原子弹之父"——钱三强

　　钱三强于 1913 年 10 月 16 日出生于浙江绍兴,是新文化运动时期著名语言文字学家钱玄同之子。1929 年,钱三强考入北京大学理科预科,1932 年考入清华大学物理系。1936 年毕业后,进入北平研究院物理研究所工作,不久又考上了公费留法研究生。

　　1937 年夏,钱三强来到了声名显赫的巴黎大学镭学研究所居里实验室。这时,玛丽·居里夫人已经去世,实验室的工作由她的女儿伊莱娜·居里和女婿约里奥·居里主持,他们正在向刚刚发展起来的前沿科学——原子核物理进军。钱三强勤奋好学,将整个身心都融入原子世界,于 1940 年获得法国国家博士学位。此后,法国遭法西斯统治下的德国进攻沦陷,太平洋航线中断,钱三强未能如愿返回祖国,继续在巴黎的两家实验室从事原子核物理和放射化学的研究,并于 1944 年出任法国国家科学研究中心研究员。由于成就突出,钱三强获得了法国国家科学院优厚的德巴微物理学奖金,还被提升为该院研究中心的研究导师。这在中国留法学者中,也只有钱三强一人获得这样重要的学术职位。

　　然而,令人羡慕的职位和丰厚的待遇,并不能减轻钱三强对祖国的思念,他执意要回中国施展抱负。1948 年 4 月,钱三强来到导师家中告别。伊莱娜以镭相送,并告诉了钱三强相关的保密数据,以备将来之需。面对凝聚着他们半生心血和汗水的如此厚礼,钱三强不禁动容了。

　　两个月后,钱三强夫妇携刚满半岁的女儿回到祖国,出任清华大学教授,同时负责组建北平研究院原子学研究所。

　　1955 年,中共中央做出研制原子弹的战略决定后,钱三强担任了原子能研究所所长、第二机械工业部副部长,全身心投入到原子能事业的领导和统筹工作中。

　　1959 年 6 月,苏联单方面终止与中国的核合作研究并撤走全部专家。次年,毛主席号召中国人民,"自己动手,从头做起,准备用 8 年时间拿出自己的原子弹!"作为新中国研制核武器的主要组织者,钱三强为了国家的全局利益,完全放弃了个人在科研上继续有所成就的想法;他所考虑的,就是如何"调兵遣将",将最好的科学家放在最重要、最能发挥作用的岗位上。他以敏锐的目光,运筹帷幄,调王淦昌、彭恒武和郭永怀到核武器研究院任副院长兼第二、第四和第三技术委员会主任——他们后来都成为研制"两弹"的带头人;将邓稼先推荐到核武器研究院担任领导工作——我国先后进行的 30 多次核试验中有一半都是他担任现场指挥的……人员配置妥当后,钱三强便开始了解核武器研制情况,掌握工程进度,组织技术攻关。1964 年和 1967 年,我国原子弹、氢弹先后爆炸成功。

学习活动 8　拓展资源

1. 三维扫描技术认知 PPT。
2. 三维扫描技术认知微课。

2-1-1　三维扫描
技术认知微课

任务二　热熔胶枪的三维数据采集

学习活动 1　学习目标

技能目标：

（1）能够制订使用台式三维扫描仪扫描热熔胶枪的策略。

（2）能够使用台式三维扫描仪完成热熔胶枪的三维数据采集。

知识目标：

（1）掌握台式三维扫描仪硬件结构组成。

（2）熟悉台式三维扫描仪扫描系统的界面及相关功能。

（3）了解台式三维扫描仪的使用条件以及相关影响因素。

（4）掌握使用台式三维扫描仪进行热熔胶枪三维数据采集的策略和步骤。

素养目标：

（1）培养求真务实、敢于创新的科学精神。

（2）培养深入实际、吃苦耐劳、脚踏实地的工作作风。

（3）通过采用 COMET 能力模型对学习者提出要求，提升学习者的综合职业能力。

学习活动 2　任务描述

某公司需对如图 2-7 所示的热熔胶枪进行三维数据采集，以获取其完整的点云数据，用于后续的逆向建模。请问：该如何操作？

学习活动 3　任务分析

观察发现热熔胶枪为对称模型，利用台式三维扫描仪对其进行三维数据采集时，可利用辅助工具二维转盘进行扫描，从而更快速、更精确地得到其表面完整的点云数据。

学习活动 4　必备知识

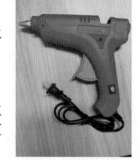

图 2-7　热熔胶枪

一、台式三维扫描仪简介

1. Win3DD 单目三维扫描仪硬件结构

Win3DD 系列产品是三维天下公司自主研发的高精度三维扫描仪，在延续经典双目系列的技术优势基础上，对外观设计、结构设计、软件功能和附件配置进行大幅提升，除具有高精度的特点之外，还具有易学、易用、便携、安全、可靠等特点。Win3DD 单目三维扫描仪硬件系统结构如图 2-8 所示，可分为三个部分，下方为支撑扫描头的三脚架，中间为调节扫描头的云台，上方为扫描头。

扫描头是硬件系统结构组成中的主要部分，如图 2-9 所示。为了保障 Win3DD 单目三维扫描仪的使用寿命及扫描精度，在使用扫描头时应当注意以下事项：

① 避免扫描系统发生碰撞，造成不必要的硬件系统损坏或影响扫描数据质量。

② 禁止碰触相机镜头和光栅投射器镜头。

③ 扫描头扶手仅在云台对扫描头进行上下、水平、左右调整时使用。

④ 严禁在搬运扫描头时使用此扶手。

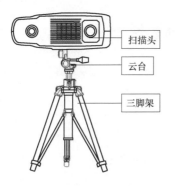

图 2-8　Win3DD 单目三维扫描仪硬件系统结构

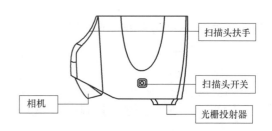

图 2-9　扫描头

调整云台旋钮可使扫描头进行上下、左右、水平方向旋转，如图 2-10 所示；调整三脚架旋钮可对扫描头高度进行调整，如图 2-11 所示。云台及三脚架在角度、高度调整结束后，一定要将各方向的螺钉锁紧。否则，可能会由于固定不紧造成扫描头内部器件发生碰撞导致硬件系统损坏，也可能在扫描过程中因为硬件系统晃动而对扫描结果产生影响。

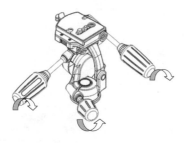

图 2-10　云台

图 2-11　三脚架

2. Wrap_Win3D 三维数据采集系统

启动 Wrap_Win3D 三维数据采集系统软件，单击【采集】→【扫描】按钮，进入软件界面，选择 Win3D Scanner，单击【确定】按钮，如图 2-12 所示。其中，左侧悬浮窗口为 Wrap_Win3D 三维

图 2-12　Wrap_Win3D 三维数据采集系统界面

数据采集系统的扫描界面，包含扫描系统名称、菜单栏和相机显示区，如图 2-13 所示。菜单栏中包含扫描时所需的相关功能命令，相机显示区实时显示扫描采集区域，可根据显示区域在扫描前合理调整扫描角度。下面对 Wrap_Win3D 三维数据采集系统扫描界面中重要的功能和操作加以介绍。

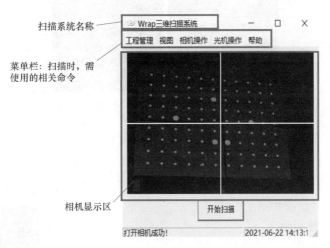

图 2-13 Wrap_Win3D 三维数据采集系统扫描界面

（1）菜单栏功能

① 工程管理

【新建工程】：在对被扫描工件进行扫描之前，必须首先新建工程，即设定本次扫描的工程名称、相关数据存放的路径等信息。

【打开工程】：打开一个已经存在的工程。

② 视图

【标定/扫描】：主要用于扫描视图与标定视图的相互转换。

③ 相机操作

【参数设置】：对相机的相关参数进行调整。

④ 光机操作

【投射十字】：控制光栅投射器投射出一个十字叉，用于调整扫描距离。

⑤ 帮助

【帮助文档】：显示帮助文档。

【注册软件】：输入加密序列码。

（2）软件标定操作

单击【视图】→【标定/扫描】命令，即可打开标定界面，如图 2-14 所示，界面功能命令详解如下：

① 开始标定：开始执行标定操作。

② 标定步骤：开始标定操作，即下一步操作。

③ 重新标定：若标定失败或零点误差较大，单击此按钮重新进行标定。

④ 显示帮助：引导用户按图所示放置标定板。

⑤ 标定信息显示区：显示标定步骤和标定成功或未成功的信息等。

⑥ 相机标志点提取显示区：显示相机采集区域提取成功的标志点圆心位置（用绿色十字叉标识）。

⑦ 相机实时显示区：对相机采集区域进行实时显示，用于调整标定板位置的观测。

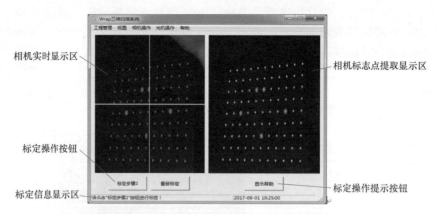

图 2-14 Wrap_Win3D 三维数据采集系统标定界面

标定操作是使用扫描仪扫描数据时的前提条件，也是扫描系统精度质量的决定因素。因此使用扫描仪扫描数据之前，需对设备进行标定操作。

需要标定的几种情况如下：

① 设备进行远途运输。

② 对硬件进行调整。

③ 硬件发生碰撞或者严重震动。

④ 设备长时间不使用。

标定操作注意事项如下：

① 标定的每步都要将标定板上至少 88 个标志点提取出来才能继续下一步标定，如图 2-15 所示。

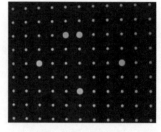

图 2-15 标定板

② 如果最后计算得到的误差太大，标定精度不符合要求时，则需重新标定，否则会导致得到无效的扫描精度与点云质量。

二、热熔胶枪扫描流程

使用 Win3DD 单目三维扫描仪对热熔胶枪进行扫描，获取其点云数据，具体流程如图 2-16 所示。

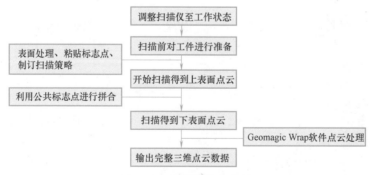

图 2-16 扫描操作流程图

学习活动 5 任务实施

一、准备工作

1. 喷粉

观察发现该热熔胶枪部分颜色较深，影响正常的扫描效果，所以我们采用喷涂一层显像

剂的方式进行扫描，从而获得更加理想的点云数据，如图 2-17
所示。注意喷粉距离约为 30cm，要尽可能薄且均匀。

2. 粘贴标志点

因为任务要求为扫描整体点云，所以需要粘贴标志点以进行
拼接扫描。粘贴标志点时有如下几个注意事项：

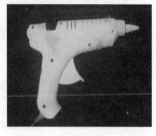

1）标志点尽量粘贴在平面区域或者曲率较小的曲面，且距
离工件边界较远一些。

2）标志点不要粘贴在一条直线上，且不要对称粘贴。

图 2-17 喷粉后的胶枪模型

3）公共标志点至少为 3 个，但因扫描角度等原因，一般建
议 5~7 个为宜，标志点应使相机在尽可能多的角度可以同时看到。

4）粘贴标志点要保证扫描策略的顺利实施，根据工件的长、宽、高合理分布粘贴。

如图 2-18 所示的标志点的粘贴方式较为合理，当然还有
其他粘贴方式。

3. 制订扫描策略

观察发现该模型为对称模型，为了更方便、更快捷，我们
可以借助转盘这个辅助工具来对其进行三维数据采集。使用转
盘能够节省扫描的时间，同时也可以减少贴在物体表面标志点
的数量。

图 2-18 热熔胶枪标志点粘贴

二、三维扫描步骤

1）新建工程，给工程起个名字例如"saomiao"，将热熔胶枪放置在转盘上，确定转盘和
热熔胶枪在十字中间，尝试旋转转盘一周，在软件实时显示区域观察，以保证能够扫描到整
体，如图 2-19 所示。观察软件实时显示区域热熔胶枪的亮度，通过在软件中设置相机曝光值
来调整亮度。并且检查扫描仪到被扫描物体的距离，此距离可以依据软件实时显示区域的白
色十字与黑色十字重合确定，当重合时的距离约为 600mm 时，600mm 的高度点云提取质量最
好。所有参数调整完成后，单击【开始扫描】按钮，开始第一步扫描，扫描结果可以在 Wrap
界面查看，如图 2-20 所示。

注意：因需要借助标志点进行拼合扫描，所以在第一次扫描时要先使扫描仪识别到热
熔胶枪由上表面到下表面过渡的公共标志点，以方便后面翻面拼合。若标志点角度不容易
识别，可以借助垫块垫起转盘相机一侧以调整标志点的角度，使其更容易识别。

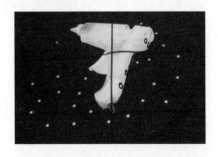

图 2-19 第一步扫描热熔胶枪摆放视角

图 2-20 第一步扫描数据显示结果

2）转动转盘一定角度（建议在 30°~120° 之间），如图 2-21 所示，必须保证与上一步扫
描有公共重合部分，这里说的重合是指标志点重合，即上一步和该步能够同时看到至少三个
标志点，扫描结果如图 2-22 所示（该单目设备为三点拼接，但是建议使用四点拼接）。

图 2-21　第二步扫描热熔胶枪摆放视角

图 2-22　第二步扫描数据显示结果

3）同 2）类似，向同一方向继续旋转一定角度扫描，如图 2-23 所示，扫描结果如图 2-24 所示。

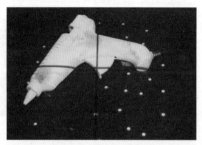

图 2-23　第三步扫描热熔胶枪摆放视角

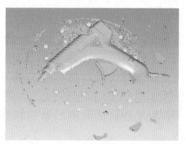

图 2-24　第三步扫描数据显示结果

4）查看热熔胶枪是否扫描完整，向同一方向继续旋转一定角度扫描，如图 2-25 所示，扫描结果如图 2-26 所示。

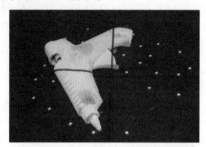

图 2-25　第四步扫描热熔胶枪摆放视角

图 2-26　第四步扫描数据显示结果

5）同 4）类似，向同一方向继续旋转一定角度扫描，如图 2-27 所示，扫描结果如图 2-28 所示。

图 2-27　第五步扫描热熔胶枪摆放视角

图 2-28　第五步扫描数据显示结果

6）同 5）类似，向同一方向继续旋转一定角度扫描，如图 2-29 所示，扫描结果如图 2-30 所示。

注意：经过六次扫描已经基本可以将热熔胶枪的上表面扫描完整，若未完整，则调整扫描角度继续扫描，直至得到上表面的完整点云。

图 2-29　第六步扫描热熔胶枪摆放视角

图 2-30　第六步扫描数据显示结果

7）确认前面的操作已经把热熔胶枪的上表面数据扫描完成后，将热熔胶枪从转盘上取下，翻转转盘，同时也将热熔胶枪进行翻转以扫描其下表面。这里一定要先扫描到由上表面到下表面过渡的公共标志点，如图 2-31 所示，扫描结果如图 2-32 所示。

图 2-31　第七步扫描热熔胶枪摆放视角

图 2-32　第七步扫描数据显示结果

8）和扫描上表面一样，向同一方向继续旋转一定角度扫描，如图 2-33 所示，扫描结果如图 2-34 所示。

图 2-33　第八步扫描热熔胶枪摆放视角

图 2-34　第八步扫描数据显示结果

9）同理，向同一方向继续旋转一定角度扫描，如图 2-35 所示，保证与上一步扫描有公共标志点重合部分，扫描结果如图 2-36 所示。

10）同理，向同一方向继续旋转一定角度扫描，如图 2-37 所示，保证与上一步扫描有公共标志点重合部分，扫描结果如图 2-38 所示。

11）同理，向同一方向继续旋转一定角度扫描，直至得到热熔胶枪下表面的所有数据，如图 2-39 所示，最终扫描结果如图 2-40 所示。

注意：经过前面的扫描已经将所需要的热熔胶枪的点云扫描完整，若未完整，则调整扫描角度继续扫描，直至得到完整点云。

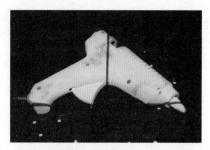

图 2-35　第九步扫描热熔胶枪摆放视角

图 2-36　第九步扫描数据显示结果

图 2-37　第十步扫描热熔胶枪摆放视角

图 2-38　第十步扫描数据显示结果

图 2-39　第十一步扫描热熔胶枪摆放视角

图 2-40　第十一步扫描数据显示结果

学习活动 6　任务评价

对学习者完成的任务采用 COMET 能力模型进行评价。评分者按照观测评分点给学习者的测评解决方案打分。具体评价见表 2-3。

表 2-3　基于 COMET 能力测评评价表

序号	评分项说明	完全不符合	基本不符合	基本符合	完全符合
1	三维数据采集热熔胶枪的表述是否容易理解？				
2	描述解决方案的条理是否清晰？				
3	是否直观形象地说明了任务的解决方案（如：用图、表等）？				
4	此解决方案的层次结构是否分明？				
5	此解决方案是否与专业规范或技术标准相符合（从理论、实践等）？				
6	三维数据采集热熔胶枪方案是否满足功能性要求？				
7	三维数据采集热熔胶枪点云方案是否达到"技术先进水平"？				
8	此扫描方案是否容易实施？				
9	表述的解决方案是否正确？				
10	是否考虑到实施方案的过程的效率？				

学习活动 7　人物风采

把文章写在大地上的杂交水稻之父——袁隆平

　　1960 年，一场罕见的天灾人祸，带来了严重的粮食饥荒，一个个蜡黄脸色的水肿病患者倒下了……袁隆平也直接经历了饥饿的痛苦。袁隆平目睹了严酷的现实，他辗转反侧不能安睡。他想起旧社会，人民受统治阶级的剥削压迫，受战争的痛苦，缺衣少食，流离失所。今天，人民当家做主，但仍未摆脱饥饿对人们的威胁。袁隆平决心努力发挥自己的才智，用学过的专业知识，致力于杂交水稻技术的研究、应用与推广。他不怕累，不怕晒，一年里大部分时间都在田里工作，发明"三系法"籼型杂交水稻，成功研究出"两系法"杂交水稻，创建了超级杂交稻技术体系。他把文章写在大地上，提出并实施"种三产四丰产工程"，培育出亩产过 800 斤、1000 斤、2000 斤的水稻新品种，让粮食大幅度增产，用农业科学技术战胜饥饿。

　　2018 年 5 月，袁隆平带领的青岛海水稻研发中心团队对在迪拜热带沙漠实验种植的水稻进行测产，最高亩产超过 500kg。袁隆平曾多次赴印度、越南等国，传授杂交水稻技术以帮助各国克服粮食短缺和饥饿问题。他的卓越成就，不仅为解决中国人民的温饱问题和保障国家粮食安全做出了贡献，更为世界和平和社会进步树立了丰碑。

学习活动 8　拓展资源

1. 热熔胶枪的三维数据采集 PPT。
2. 热熔胶枪的三维数据采集微课。
3. 课后练习。

2-2-1　热熔胶枪的
三维数据采集微课

任务三　前杠支架的三维数据采集

学习活动 1　学习目标

技能目标：

　（1）能够分析前杠支架的材质和特征，判断扫描前的预处理方式。

　（2）能够制订使用手持激光扫描仪扫描前杠支架的策略。

　（3）能够使用手持激光扫描仪完成前杠支架的三维数据采集。

知识目标：

　（1）掌握手持激光扫描仪的硬件结构组成。

　（2）熟悉手持激光扫描仪扫描系统的界面及相关功能。

　（3）掌握使用手持激光扫描仪进行前杠支架三维数据采集的策略和步骤。

素养目标：

　（1）培养追求真理、勇于攀登的科学精神。

　（2）培养严谨细致、刻苦钻研的工作作风。

　（3）通过采用 COMET 能力模型对学习者提出要求，提升学习者的综合职业能力。

学习活动2 任务描述

某电商近期需上架一个如图 2-41 所示的汽车前杠支架产品，要有网上模型展示。需要展示出该产品的外观，要求在消耗少量流量的情况下，可以快速、任意角度浏览完整的产品外观，因此电商要求我们对该产品进行三维扫描得到其完整数据。请问：如何做才能实现扫描数据的完整性，不存在任何缺漏？

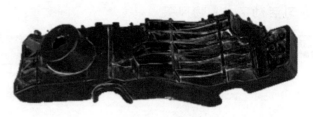

图 2-41　前杠支架

学习活动3 任务分析

前杠支架不存在复杂曲面，但有较多沟槽、筋板及细小特征，我们采用手持激光扫描仪 BYSCAN750LE 进行扫描，扫描步骤分为两步：扫描标记点和扫描汽车前杠支架。扫描时可以直接扫描激光点，也可以先扫描标记点再扫描激光点，后者的扫描精度更高。此件采用正反两次扫描，最后将两组数据通过标记点进行拼接。

学习活动4 必备知识

前杠支架软硬件选配如图 2-42 所示，即数据测量硬件选择手持激光扫描仪 BYSCAN 750LE，数据处理软件选择 ScanViewer。

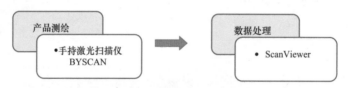

图 2-42　软硬件选配

一、手持激光三维扫描仪简介

手持激光三维扫描仪通常包括激光、结构光投影器、两个（或以上）工业相机、用于进行三维数字图像处理的计算单元，以及用于标定上述设备的标定板及标记点等附件。工业相机基于机器视觉原理获得物体的三维数据，利用标记点信息进行数据自动拼接，实现基础的三维扫描和测量功能。手持三维扫描仪携带方便使用自由，具有很强的实用性。

杭州中测科技有限公司生产的手持激光三维扫描仪采用多条线束激光来获取物体表面的三维点云，操作者手持扫描仪，实时调整扫描仪与被测物体之间的距离和角度，系统自动获取被测对象的三维表面信息。该扫描仪可以方便地携带到工业现场或者生产车间，并根据被扫描物体的大小、形状以及扫描的工作环境来进行高效、精确的扫描。

BYSCAN-LE 系列手持激光三维扫描仪在上述功能的基础上，内置红蓝双色激光，同时具备红光快速扫描和蓝光精细扫描两种模式，两种模式快速切换，兼顾扫描的整体效率和局部细节。

二、工作原理

手持激光三维扫描仪是一种利用双目视觉原理来获得空间三维点云的仪器，工作时借助于贴在被扫描工件表面的反光标记点来定位，通过激光发射器发射激光，照射在被扫描工件表面，由两个经过厂家校准的相机来捕捉反射回来的光，经计算得到工件的外形数据。

三、设备连接

设备的连接包括将电源连接到扫描仪和将扫描仪连接到电脑等两步操作。连接线包括电源适配器连接线及电源数据线缆。电源适配器为扫描仪提供电源。电源数据线缆共 3 个接口，分别连接电脑、电源适配器和扫描仪端，具体连接方式如图 2-43 所示。

第一步：将电源适配器的三孔电源线插头连接到电源接口。

第二步：将电源适配器端口接入电源数据线缆两芯金属接口中。

第三步：将电源数据线缆 RJ45 接口插入电脑端网口中。

第四步：检查以上步骤是否正确，将六芯接插口接入到设备对应的接口（连接时应注意线缆接口处箭头指示方向保持一致，否则可能损坏接口）。

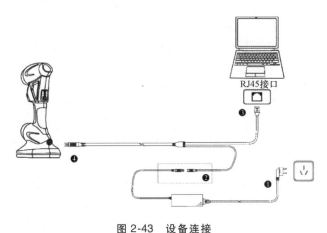

图 2-43　设备连接

四、工件扫描前预处理

1. 分析扫描件材质，是否喷增强剂

扫描仪是使用激光探测进行扫描的，因此，当被检测物体材质或表面颜色属于下列情况时，扫描结果会受到一定的影响。

透明材质：例如玻璃，若待扫描零件为玻璃材质，由于激光会穿透玻璃，使得相机无法准确地捕捉到玻璃所在的位置，因而无法对其进行扫描。

渗光材质：例如玉石、陶瓷等，对于玉石、陶瓷等材质零件，激光线投射到物体表面时会渗透到物体内部，导致相机所捕捉到的激光线位置并非物体表面轮廓，从而影响扫描数据精度。

高反光材质：例如镜子、金属加工高反光面等，镜子等高反光材质会对光线产生镜面反射，从而导致相机在某些角度无法捕捉到其反射光，因此无法获得这些照射条件下的扫描数据。

其他会影响激光漫反射效果的材质或颜色：例如深黑色物体，由于黑色物体吸光，使反射到相机的光线信息变少，进而影响扫描效果（提示：杭州中测科技有限公司特有的"黑色物体"扫描模式，可有效处理此类扫描场景）。

　　注意：若要对以上材质的零件进行扫描，则在扫描前需要在工件表面喷反差增强剂，使零件可以对照射在其表面的激光进行漫反射。

2. 贴标记点

扫描仪是通过标记点定位的，所以在扫描零件前，需要在零件表面贴标记点。贴标记点的要求有：①尽量不规则地贴，每两颗标记点之间间距 30~100mm，具体要根据零件实际情况确定。如果表面曲率变化较小，距离可以适当大一些，但不可以超过 100mm；如果零件特征较多，曲率变化较大，可以适当减小距离，最小间隔 30mm，如图 2-44 所示。②尽量贴在零件上平整以及无细节特征的表面。③过渡面边缘可以适当增加标记点。④不能弄脏反光点（影响扫描仪识别标记点）。⑤不宜贴在零件边缘，需离开边缘 2mm 以上，便于后期数据修补处理。

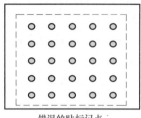 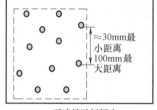

图 2-44　贴标记点

五、精度与解析度的区别

精度指的是尺寸上的偏差。比较两个数值，差值就是扫描误差，也就是我们一般含义的精度概念。精度高的扫描仪，扫描出来的数据与被扫描物体的实际尺寸偏差小；精度低的扫描仪，扫描出来的数据偏差就大。

解析度又可以理解为细节度、清晰度、分辨率等。扫描出来的花纹清晰可见，则解析度相对较高；扫描出来的花纹模糊看不清，则解析度相对较低。我们可以明显看到解析度高的数据显示效果更好，细节相对清晰。

一些扫描仪会用点距或分辨率来体现细节度。点距越小（或相机分辨率越大），细节越好，如图 2-45 所示。此时可以发现，扫描仪的解析度高低和精度是没有直接关系的。精度是固定的，而解析度是可以设置的。

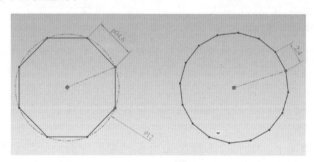

图 2-45　解析度

学习活动 5　任务实施

（1）扫描前处理　由于前杠支架无特殊材质，反光程度不高，所以扫描之前不需要做特殊处理，直接粘贴标记点，如图 2-46 所示。

a) 顶面　　　　　　　　　　　b) 底面

图 2-46　扫描前处理

（2）扫描标记点　打开 ScanViewer 扫描软件，进行如图 2-47 所示的扫描参数设置。解析度值设置为 0.350mm，激光曝光值设置为 3.00ms，选择标记点，勾选黑色物体，在高级参数设置中，根据所粘贴的标记点型号勾选 1.43mm。

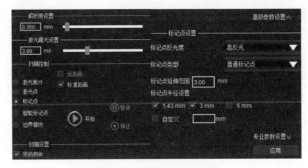

图 2-47　扫描参数设置

可使用转盘进行扫描，将扫描仪正对放置在转盘上的前杠支架，按下扫描仪上的激光开关键，开始扫描标记点，如图 2-48 所示为扫描标记点时的场景。

标记点扫描完毕后，关闭光源，再单击【扫描】→【优化】命令，对标记点数据进行优化。

（3）扫描前杠支架　在图 2-47 中选择激光面片，然后单击【开始】按钮，进入多条激光（红色）模式。将扫描仪正对前杠支架，距离为 300mm 左右，按下手持激光扫描仪上的扫描开关键开始扫描，如图 2-49 所示。在扫描过程中可以按下扫描仪上的视窗放大键，ScanViewer 扫描软件视图会相应地放大，便于观察细节，扫描过程中可以平缓转动转盘辅助扫描。当遇到深槽等不易扫描的部位时，可以双击扫描仪上的扫描开关键，切换到单条激光线模式。

图 2-48　扫描标记点

图 2-49　扫描前杠支架

（4）删除体外数据　扫描完成后，选中与前杠支架无关的数据，然后按下键盘上的<Delete>键将其删除，如图 2-50 所示。

（5）背面扫描　单击工程选项卡中的【新增】命令，新增一个新项目，如图 2-51 所示，此项目不会覆盖之前的扫描数据所在的项目。将零件翻面，按照如图 2-52 所示的方式摆放，扫描此面数据的方式与之前步骤相同，最后得到经过处理的数据，如图 2-53 所示。

图 2-50　删除体外数据

图 2-51　新增项目

图 2-52　翻转零件

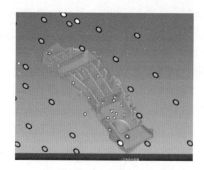

图 2-53　背面扫描

（6）标记点拼接　将两个项目分别右键选中为 Reference 和 Test，如图 2-54 所示。设置完成后，单击【标记点拼接】命令，进入标记点拼接界面，左上画面为 Reference 界面，左下为 Test 界面，最右侧为拼接预览界面，如图 2-55 所示。

图 2-54　设置新项目属性

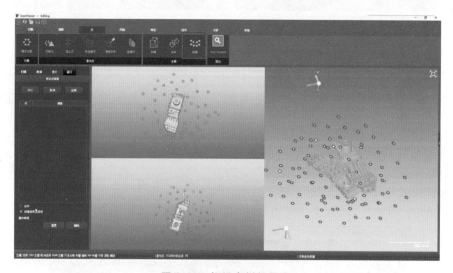

图 2-55　标记点拼接界面

在标记点拼接对话框中勾选合并选项，在 Test 界面选中至少四个标记点，这四个标记点是 Reference 界面与 Test 界面中共同拥有的，选择完成后，单击【应用】按钮，可在预览窗口观察拼接数据，如图 2-56 所示。确认拼接无误后，单击【确定】按钮，此时标记点拼接完成，拼接后的数据存储在 Reference 项目中。

图 2-56　选择拼接用标记点

（7）网格化并保存数据　单击【点】→【网格化】命令，保持默认设置参数，确定后得到前杠支架的网格数据，如图 2-57 所示。然后单击工程选项卡中的【保存】→【网格文件】命令，保存前杠支架的 STL 数据文件。

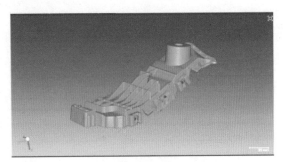

图 2-57　网格化

学习活动 6　任务评价

对学习者完成的任务采用 COMET 能力模型进行评价。评分者按照观测评分点给学习者的测评解决方案打分。具体评价见表 2-4。

表 2-4　基于 COMET 能力测评评价表

序号	评分项说明	完全不符合	基本不符合	基本符合	完全符合
1	对电商来说,解决方案的表述是否容易理解?				
2	对技术人员来说,是否恰当地描述了解决方案?				
3	是否直观形象地说明了任务的解决方案(如:用图、表)?				
4	解决方案的层次结构是否分明? 描述解决方案的条理是否清晰?				
5	解决方案是否与专业规范或技术标准相符合(从理论、实践、制图、数学和语言等)?				
6	解决方案是否满足功能性要求?				
7	解决方案是否达到"技术先进水平"?				
8	解决方案是否可以实施?				
9	解决方案是否考虑环保性?				
10	是否考虑到实施方案的过程的效率?				

学习活动 7　人物风采

生命至上、护佑苍生的时代楷模——李桓英

李桓英,女,汉族,1921 年 8 月生于北京,中共党员,世界著名麻风病防治专家,首都医科大学附属北京友谊医院医生,北京热带医学研究所研究员。20 世纪 50 年代初,她曾在世界卫生组织工作 7 年,为了新中国的卫生健康事业,舍弃国外优厚条件,回国投身麻风病防治工作,长期面对面接触麻风病人,严谨细致开展临床试验,科学稳妥进行治疗研究。她推广的

"短程联合化疗"方法救治了无数的麻风病患者，她提出的垂直防治与基层防治网相结合的模式，为我国乃至世界麻风病防治工作做出了巨大贡献。曾荣获国家科技进步奖一等奖、首届中国麻风病防治终身成就奖，2019 年荣获"最美奋斗者"称号，2021 年入选"3 个100 杰出人物"。

李桓英同志是党领导卫生健康事业发展的见证者、亲历者和参与者。她对党忠诚、热爱祖国，始终心系人民健康福祉，把毕生精力贡献给了卫生健康事业；她视病人如亲人，精心医治、破除歧视，为数以万计的病患解除了疾苦；她尊重科学规律、坚守科学认知、勇于探索创新，致力于建设人类卫生健康共同体，为破解麻风病防治的世界难题贡献了中国智慧，鲜明体现了心有大我、赤诚报国的爱国情怀，生命至上、护佑苍生的医者仁心，求真务实、勇于攀登的科学精神。为宣传褒扬她的先进事迹和崇高精神，中共中央宣传部决定，授予李桓英同志"时代楷模"称号。

学习活动 8　拓展资源

1. 前杠支架的三维数据采集 PPT。
2. 前杠支架三维数据采集的策略微课。
3. 前杠支架三维数据采集前的预处理方式微课。
4. 前杠支架的三维数据采集常用技巧微课。
5. 课后练习。

2-3-1　前杠支架
三维数据采集
的策略微课

2-3-2　前杠支架
三维数据采集前
的预处理方式微课

2-3-3　前杠支架
的三维数据采集
常用技巧微课

项目三　三维数据处理

任务一　Geomagic Wrap 软件认知

学习活动 1　学习目标

技能目标：

（1）能够熟练使用 Geomagic Wrap 软件的基本功能。

（2）能够熟练使用 Geomagic Wrap 软件按照工作流程处理数据。

知识目标：

（1）掌握 Geomagic Wrap 软件基本功能的相关知识。

（2）熟悉 Geomagic Wrap 软件处理数据时的工作流程。

素养目标：

（1）培养追求真理、严谨治学的科学精神。

（2）培养心有大我、胸怀祖国的高尚情操。

（3）通过采用 COMET 能力模型对学习者提出要求，提升学习者的综合职业能力。

学习活动 2　任务描述

一天某客户来访，带来一个产品扫描件，想让我们通过逆向工程生成产品图样，然后进行数控加工。我们将数据导入到 Geomagic Design X 中之后发现扫描质量并不高，如果直接逆向建模精度不会太高。请问：该如何做才能保证三维模型与产品偏差较小呢？

学习活动 3　任务分析

要想得到尺寸精度较高的产品图样，就要有高精度的点云数据，但是由于客户所给数据的限制，我们只能尽可能地对点云数据进行处理，使其达到生产要求，这就用到一款 3D 扫描分析处理软件 Geomagic Wrap，它可以对扫描的点云数据进行处理并生成 STL 面片数据，以便于后续逆向设计。

学习活动 4　必备知识

一、Geomagic Wrap 软件界面功能

双击 Geomagic Wrap 图标打开软件，软件界面如图 3-1 所示，其中包括应用程序菜单、快速访问工具栏、选项卡、绘图窗口、面板窗口、状态栏和进度条等。

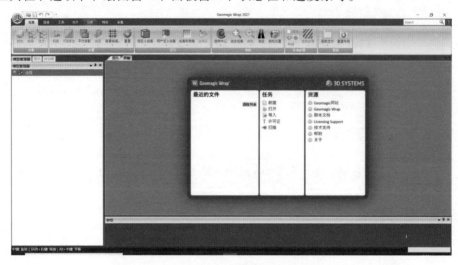

图 3-1　Geomagic Wrap 软件界面

1. 应用程序菜单

应用程序菜单包含文件【新建】、【打开】、【导入】和【保存】等相关命令，如图 3-2 所示。

2. 快速访问工具栏

快速访问工具栏包含与文件相关的最常用的命令，如【打开】、【保存】、【撤销】和【恢复】命令，如图 3-3 所示。

图 3-2　应用程序菜单

图 3-3　快速访问工具栏

3. 选项卡

选项卡放置着 Geomagic Wrap 中的各种命令，如【视图】、【选择】、【工具】和【对齐】等，且各个命令又被归类为工具栏的各个组中，如图 3-4 所示。

图 3-4 选项卡

4. 绘图窗口

绘图窗口的开始标签可引导用户新建文档或导入已有数据，数据导入后，开始界面窗口将跳转到图形显示窗口，如图 3-5 所示。

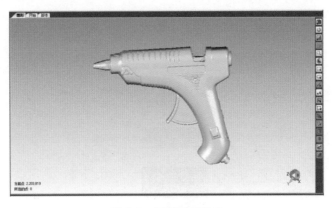

图 3-5 图形显示窗口

5. 面板窗口

面板窗口在绘图窗口的左边，包含了模型管理器、显示和对话框面板，单击面板右上角的 📌 按钮，将使所对应的面板自动隐藏到软件的左边。模型管理器面板可以对各对象进行【显示】、【隐藏】或【重命名】等操作，还可以同时选中若干对象，右击进行【创建组】，对各对象按建模要求进行分类，如图 3-6 所示。显示面板可以进行常规、几何图形显示和光源等参数修改，如图 3-7 所示。

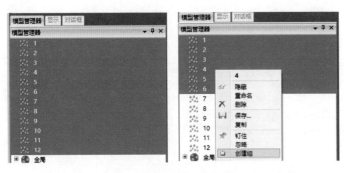

图 3-6 模型管理器面板

图 3-7 显示面板

6. 状态栏和进度条

状态栏显示与当前操作有关的提示信息，进度条显示当前操作已进行的进度，如图 3-8 所示。

左键：选择区域 | Ctrl+左键：取消选择区域 | Del：删除所选区域 | 中键：旋转 | Shift+右键：缩放 | Alt+中键：平移

图 3-8　状态栏和进度条

二、Geomagic Wrap 软件工作流程

Geomagic Wrap 软件处理点云数据的主要工作流程如图 3-9 所示，实际应用中一般分为两个阶段：点处理阶段和多边形处理阶段。

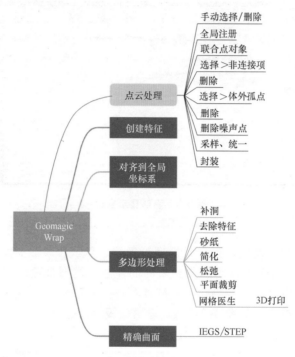

图 3-9　Geomagic Wrap 工作流程

1. 点处理阶段

点处理阶段的基本要求：①去掉扫描过程中产生的杂点、噪声点；②将点云文件三角面片化（封装），保存为 STL 文件格式。该阶段用到的主要命令有：

【着色点】：为了更加清晰、方便地观察点云的形状，将点云进行着色。

【非连接项】：指同一物体上具有一定数量的点形成的点群，并且彼此间分离。

【体外孤点】：与其他多数点云具有一定距离的点。

【减少噪声】：因为逆向设备与扫描方法的缘故，扫描数据存在系统误差和随机误差，其中有一些扫描点的误差比较大，超出我们允许的范围，这就是噪声点。

【封装】：对点云进行三角面片化。

2. 多边形处理阶段

多边形处理阶段的基本要求：①将封装后的三角面片数据处理光顺、完整；②保持数据的原始特征。该阶段用到的主要命令有：

【删除钉状物】：使点云表面趋于光滑。

【填充孔】：修补因为点云缺失而造成的漏洞，可根据曲率趋势补好漏洞。

【去除特征】：先选择有特征的位置，应用该命令可以去除特征，并将该区域与其他部位形成光滑的连续状态。

【减少噪声】：将点移至正确的位置以弥补噪声点（如扫描仪误差），噪声点会使锐边变钝或使平滑曲线变粗糙。

【网格医生】：集成了删除钉状物、填充孔和去除特征等功能，对于简单数据能够快速处理完成。

学习活动 5　任务实施

我们使用 Geomagic Wrap 软件对该产品扫描数据进行点云处理，整个过程分为两个阶段：点阶段和多边形阶段，具体实施方案如图 3-10 所示。最终可以得到精度较高的 STL 面片数据，为逆向设计打下基础，并得到客户所需求的图样。

学习活动 6　任务评价

对学习者完成的任务采用 COMET 能力模型进行评价。评分者按照观测评分点给学习者的测评解决方案打分。具体评价见表 3-1。

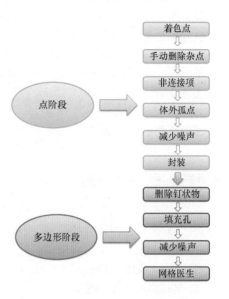

图 3-10　产品点云处理具体实施方案

表 3-1　基于 COMET 能力测评评价表

序号	评分项说明	完全不符合	基本不符合	基本符合	完全符合
1	对客户来说,解决方案的表述是否容易理解?				
2	对技术人员来说,是否恰当地描述了解决方案?				
3	是否直观形象地说明了任务的解决方案(如:简单展示点云处理方法和结果)?				
4	解决方案的层次结构是否分明? 描述解决方案的条理是否清晰?				
5	解决方案是否与专业规范或技术标准相符合(从设计理念、制图过程、加工工艺等)?				
6	解决方案是否满足客户要求?				
7	解决方案是否达到"技术先进水平"?				
8	解决方案是否可以实施?				
9	表述的解决方案是否正确?				
10	是否考虑到实施方案的过程的效率?				

学习活动 7　人物风采

默默耕耘"沉"在深处的"两弹一星"功勋——于敏

于敏的科研生涯始于著名物理学家钱三强任所长的近代物理所。在原子核理论研究领域钻研多年后，1961 年，钱三强找他谈话，将氢弹理论探索的任务交给了他。从那时起，于敏转向研究氢弹原理，开始了隐姓埋名的 28 年。当时的核大国对氢弹研究绝对保密，造氢弹，我国完全从一张白纸起步。由于大型计算机机时非常紧张，为了加快研究，于敏和团队几乎时刻沉浸在堆积如山的数据计算中。1965 年 9 月，上海的"百日会战"最终打破僵局：于敏以超乎寻常的直觉，从大量密密麻麻、杂乱无章的数据中理出头绪，抽丝剥茧，带领团队形成了基本完整的氢弹理论设计方案。然而，设计方案还需经过核试验的检验。

西北核武器研制基地地处青海高原，在那里，科研人员吃的是夹杂沙子的馒头，喝的是苦碱水，茫茫戈壁飞沙走石，大风如刀削一般，冬天气温低至−30℃，道路冻得像搓板。于敏的高原反应非常强烈，食无味、觉无眠，从宿舍到办公室只有百米路，有时要歇好几次、吐好几次。即便如此，他仍坚持解决完问题才离开基地。

1969年初，在首次地下核试验和大型空爆热试验时，于敏上台阶都要用手抬着腿才能慢慢上去，同事都劝他休息，他坚持要到小山冈上观测火球。由于操劳过度，在工作现场，他几近休克。

1999年，于敏被授予"两弹一星"功勋奖章。2015年1月，89岁的于敏荣获2014年度国家最高科学技术奖。

学习活动8 拓展资源

1. Wrap 软件认知 PPT。
2. Wrap 软件界面介绍微课。
3. Wrap 软件工作流程微课。
4. Wrap 软件认知视频1。
5. Wrap 软件认知视频2。
6. Wrap 软件认知视频3。
7. 课后练习。

3-1-1 Wrap 软件界面介绍微课

3-1-2 Wrap 软件工作流程微课

3-1-3 Wrap 软件认知视频1

3-1-4 Wrap 软件认知视频2

3-1-5 Wrap 软件认知视频3

任务二 热熔胶枪的数据处理

学习活动1 学习目标

技能目标：

（1）能够制订热熔胶枪点云数据处理策略。

（2）能够使用 Geomagic Wrap 软件对热熔胶枪点云数据进行处理。

知识目标：

（1）熟悉并掌握 Geomagic Wrap 软件点阶段的处理命令。

（2）熟悉并掌握 Geomagic Wrap 软件多边形阶段的处理命令。

素养目标：

（1）培养勇于担当、乐于奉献的优秀品格。

（2）培养自强不息、拼搏不止、富有创新的工作作风。

（3）通过采用 COMET 能力模型对学习者提出要求，提升学习者的综合职业能力。

学习活动2 任务描述

某品牌公司生产的热熔胶枪在市面上已经销售多年，但销售额不太理想，公司想改变现状，拟从外观上进行创新。由于设计师离职前没有做好相应衔接工作，重新建模耗时较长，遂想到逆向设计。在对热熔胶枪进行扫描得到其点云数据后，需要对点云数据进行处理。请问：如何对热熔胶枪进行点云数据处理？

学习活动 3　任务分析

　　要想对热熔胶枪进行点云数据处理，需使用 Geomagic Wrap 软件来完成，最终可以得到热熔胶枪的 STL 面片文件。后续可以通过逆向建模获取热熔胶枪的三维数字模型，进而根据客户需求进行创新设计，最后选择合适的方法加工成形。

学习活动 4　必备知识

　　使用 Geomagic Wrap 软件对热熔胶枪点云数据进行处理的基本流程如图 3-11 所示。

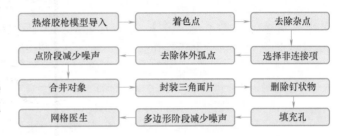

图 3-11　热熔胶枪点云数据处理的基本流程

学习活动 5　任务实施

　　（1）模型导入　启动 Geomagic Wrap 软件，单击【导入】命令，在弹出的导入文件对话框中查找热熔胶枪模型数据文件，然后单击【打开】按钮，按照默认选项导入模型的点云数据，如图 3-12 所示，模型导入结果如图 3-13 所示。

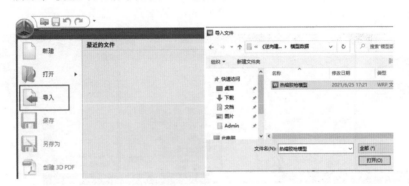

图 3-12　模型导入

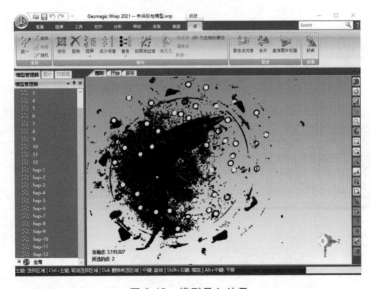

图 3-13　模型导入结果

（2）着色点 模型导入以后可先将标志点数据 fwp1 至 fwp12 删除，为了更加清晰、方便地观察点云的形状，需对点云进行着色。首先在显示面板中取消选中顶点颜色复选框，如图 3-14 所示。然后单击【点】→【着色】→【着色点】命令，对点云数据进行着色，若点云数据未变为浅绿色，可先单击【点】→【着色】→【删除法线】命令再执行上述操作。

（3）去除杂点 为了更方便地对点云进行放大、缩小和旋转操作，应设置点云数据的旋转中心。在图形显示区单击鼠标右键，在弹出的菜单中单击【设置旋转中心】命令，在点云的适合位置单击即可。

图 3-14 显示面板

从模型管理器中可看出 1~6 号点云为一组数据，7~12 号点云为另一组数据。首先显示 1~6 号点云，在右侧的工具栏中单击【套索选择工具】按钮，在图形显示区勾画出热熔胶枪的杂点，这些选中的杂点呈现红色，单击【点】→【删除】命令或者按下键盘上的<Delete>键将其删除，然后采用同样的方法可删除 7~12 号点云的杂点，如图 3-15 所示。

图 3-15 手动删除杂点

（4）选择非连接项 单击【点】→【选择】→【非连接项】命令，弹出选择非连接项对话框。设置分隔为低，尺寸为默认值 5.0mm，单击【确定】按钮后非连接项被选中并呈现红色，如图 3-16 所示，单击【点】→【删除】命令或者按下键盘上的<Delete>键删除非连接点云。

图 3-16 选择非连接项

（5）去除体外孤点 单击【点】→【选择】→【体外孤点】命令，弹出选择体外孤点对话框。设置敏感度值为 85.0，依次单击【应用】和【确定】按钮后体外孤点被选中并呈现红色，如图 3-17 所示，单击【点】→【删除】命令或者按下键盘上的<Delete>键删除体外孤点。

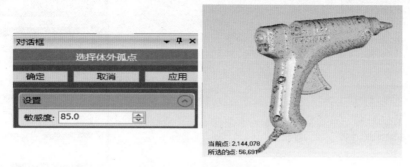

图 3-17 去除体外孤点

（6）减少噪声 单击【点】→【减少噪声】命令，弹出减少噪声对话框，如图 3-18 所示。选中棱柱形（保守）单选按钮，设置平滑度水平为中间位置，迭代值为 5，偏差限制值为 0.05mm，依次单击【应用】和【确定】按钮执行减少噪声操作。

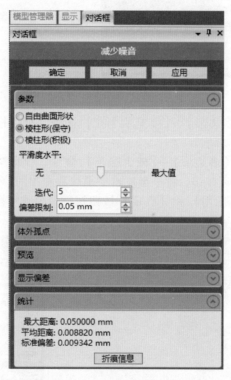

图 3-18 点阶段减少噪声

（7）合并对象 单击【点】→【合并】命令，弹出合并点对话框，可采用默认的参数设置，将所有点云合并成一个对象，如图 3-19 所示。

（8）封装三角面片 单击【点】→【封装】命令，弹出封装对话框，如图 3-20 所示，该命令将围绕点云进行封装计算，使点云数据转换为多边形模型。

（9）删除钉状物 单击【多边形】→【删除钉状物】命令，弹出删除钉状物对话框，将平滑级别滑块移至中间位置，依次单击【应用】和【确定】按钮执行删除钉状物操作，如图 3-21 所示。

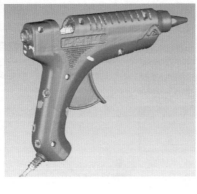

图 3-19 合并对象 图 3-20 封装三角面片

图 3-21 删除钉状物

（10）填充孔 单击【多边形】→【填充单个孔】命令，可以根据孔的类型搭配选择不同的方法进行填充，如图 3-22 所示。

（11）减少噪声 单击【多边形】→【减少噪声】命令，弹出减少噪声对话框，如图 3-23 所示。选中自由曲面形状单选按钮，将平滑度水平滑块移至中间位置，设置迭代值为 5，偏差限制值为 0.05，依次单击【应用】和【确定】按钮执行减少噪声操作。

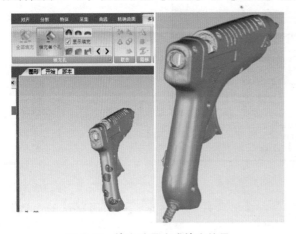

图 3-22 填充孔及完成填充结果 图 3-23 多边形阶段减少噪声

（12）网格医生 单击【多边形】→【网格医生】命令，弹出网格医生对话框，依次单击【应用】和【确定】按钮完成问题面片的修复操作，如图 3-24 所示。

（13）点云处理最终效果 经过上述一系列操作，热熔胶枪点云处理的最终效果如图 3-25 所示。

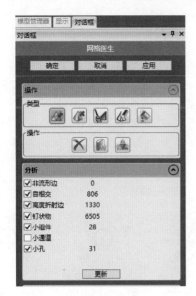

图 3-24　网格医生

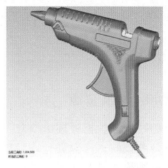

图 3-25　点云处理最终效果图

学习活动 6　任务评价

对学习者完成的任务采用 COMET 能力模型进行评价。评分者按照观测评分点给学习者的测评解决方案打分。具体评价见表 3-2。

表 3-2　基于 COMET 能力测评评价表

序号	评分项说明	完全不符合	基本不符合	基本符合	完全符合
1	对品牌公司来说,对改变热熔胶枪外形的表述是否容易理解?				
2	对技术人员来说,是否恰当地描述了改变热熔胶枪外形的解决方案?				
3	是否直观形象地说明了任务的解决方案(如:简单处理过程、文字说明)?				
4	解决方案的层次结构是否分明? 描述解决方案的条理是否清晰?				
5	解决方案是否与专业规范或技术标准相符合(从设计理念、制图过程、加工工艺等)?				
6	解决方案是否满足客户要求?				
7	解决方案是否达到"技术先进水平"?				
8	解决方案是否可以实施?				
9	表述的解决方案是否正确?				

学习活动 7　人物风采

年轻有为的导弹总设计师——王永志

1964 年 6 月,王永志第一次走进戈壁滩,执行发射中国自行设计的第一种中近程导弹任务。当时计算导弹的推力时发现射程不够,大家考虑是不是多加一点推进剂,但是导弹的燃料贮箱有限,再也"喂"不进去了。当时天气很炎热,导弹发射时推进剂温度高,密度就要变小,发动机的节流特性也要随之变化。

正当大家绞尽脑汁想办法时,一个高个子年轻中尉站起来说:"经过计算,要是从导弹体内泄出 600kg 燃料,这枚导弹就会命中目标。"大家的目光一下子聚集到年轻的新面孔上。在场的专家们几乎不敢相信自己的耳朵。有人不客气地说："本来导弹能量就不够,你还要往外泄?"于是再也没有人理睬他的建议。

这个年轻人就是王永志,他并没有因此灰心沮丧,而是鼓起勇气走进了坐镇发射现场的技术总指挥、大科学家钱学森的住处。听完了王永志的意见,钱学森眼睛一亮。按王永志的办法,果然,导弹泄出一些多余的推进剂后射程变远了,连打3发导弹,发发命中目标。中国开始研制第二代导弹的时候,钱学森建议:第二代战略导弹让第二代人挂帅,让王永志担任总设计师。几十年后,总装备部领导看望钱学森,钱学森还提起这件事说:"我推荐王永志担任载人航天工程总设计师没错,此人年轻时就露出头角,他大胆逆向思维,和别人不一样。"

学习活动 8　拓展资源

1. 热熔胶枪的数据处理 PPT。
2. 热熔胶枪的点云数据处理思路微课。
3. 热熔胶枪的点云数据预处理微课。
4. 填充热熔胶枪的多边形漏洞孔微课。
5. 热熔胶枪的点云数据封装微课。
6. 热熔胶枪的处理数据导出微课。
7. 热熔胶枪模型源文件数据。
8. 热熔胶枪 STL 数据。
9. 热熔胶枪 WRP 数据。
10. 课后练习。

3-2-1　热熔胶枪的点云数据处理思路微课

3-2-2　热熔胶枪的点云数据预处理微课

3-2-3　填充热熔胶枪的多边形漏洞孔微课

3-2-4　热熔胶枪的点云数据封装微课

3-2-5　热熔胶枪的处理数据导出微课

任务三　前杠支架的数据处理

学习活动 1　学习目标

技能目标:

（1）能够制订前杠支架点云数据处理策略。

（2）能够使用 Geomagic Wrap 软件对前杠支架点云数据进行处理。

知识目标:

（1）熟悉并掌握 Geomagic Wrap 软件点阶段的处理命令。

（2）熟悉并掌握 Geomagic Wrap 软件多边形阶段的处理命令。

素养目标:

（1）培养精雕细琢、追求极致的工匠精神。

（2）培养刻苦钻研、严谨细致的工作作风。

（3）通过采用 COMET 能力模型对学习者提出要求,提升学习者的综合职业能力。

学习活动 2　任务描述

某汽车因发生事故而造成前杠支架损坏前去 4S 店修理,由于该车型已经停产多年,厂家一时也找不到相应配件库存，而客户又急需用车，所以想通过逆向设计来快速修复前杠支架。在对前杠支架进行扫描得到其点云数据后，需要对点云数据进行处理。请问：如何对前杠支架进行点云数据处理？

学习活动 3　任务分析

要想对前杠支架进行点云数据处理，需使用 Geomagic Wrap 软件来完成，最终可以得到前杠支架的 STL 面片文件。后续可以通过逆向建模获取前杠支架的三维数字模型，进而根据前杠支架材料选择相应的 3D 打印方法进行打印，从而完成前杠支架的快速修复。

学习活动 4　必备知识

使用 Geomagic Wrap 软件对前杠支架点云数据进行处理的基本流程如图 3-26 所示。

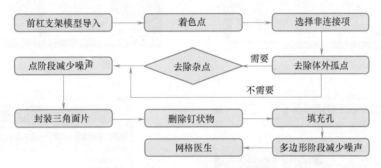

图 3-26　前杠支架点云数据处理的基本流程

学习活动 5　任务实施

（1）模型导入　启动 Geomagic Wrap 软件，单击【导入】命令，在弹出的导入文件对话框中查找前杠支架数据文件，然后单击【打开】按钮，按照默认选项导入模型的点云数据，或者将模型数据直接拖到软件界面里，如图 3-27 所示。

（2）着色点　在显示面板中，取消选中顶点颜色复选框，单击【点】→【着色】→【着色点】命令，对点云进行着色，结果如图 3-28 所示。若点云数据未变为浅绿色，可先单击【点】→【点着色】→【删除法线】命令再执行上述操作。

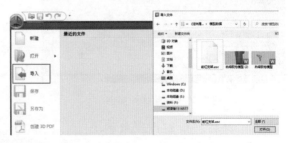

图 3-27　模型导入

（3）选择非连接项　单击【点】→【选择】→【非连接项】命令，弹出选择非连接项对话框。设置分隔为低，尺寸为默认值 5.0，单击【确定】按钮后非连接项被选中并呈现红色，如图 3-29 所示，单击【点】→【删除】命令或者按下键盘上的<Delete>键删除非连接点云。

（4）去除体外孤点　单击【点】→【选择】→【体外孤点】命令，弹出选择体外孤点对话框。设置敏感度值为 90.0，依次单击【应用】和【确定】按钮后体外孤点被选中并呈现红色，如图 3-30 所示，单击【点】→【删除】命令或者按下键盘上的<Delete>键删除体外孤点。

（5）去除杂点　若经过上述处理之后，前杠支架周围仍有杂点，可使用套索或画笔等选择工具，勾选出这些杂点，并将其删除。

（6）减少噪声　单击【点】→【减少噪声】命令，弹出减少噪声对话框，如图 3-31 所示。

选中棱柱形（保守）单选按钮，设置平滑度水平为中间位置，迭代值为5，偏差限制值为0.05mm，依次单击【应用】和【确定】按钮执行减少噪声操作。

图 3-28　点着色

图 3-29　选择非连接项

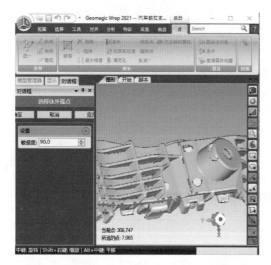

图 3-30　去除体外孤点

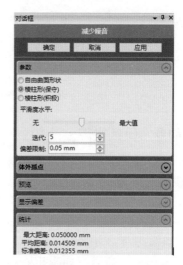

图 3-31　点阶段减少噪声

（7）封装三角面片　单击【点】→【封装】命令，弹出封装对话框，可采用默认参数进行封装计算，把点云数据转换为多边形模型，如图 3-32 所示。

（8）删除钉状物　单击【多边形】→【删除钉状物】命令，弹出删除钉状物对话框，将平滑级别滑块移至中间位置，依次单击

图 3-32　点云封装

【应用】和【确定】按钮执行删除钉状物操作，如图 3-33 所示。

（9）填充孔　单击【多边形】→【填充单个孔】命令，可以根据孔的类型搭配选择不同的方法进行填充，如图 3-34 所示。

（10）减少噪声 单击【多边形】→【减少噪声】命令，弹出减少噪声对话框，如图 3-35 所示。选中自由曲面形状单选按钮，将平滑度水平滑块移至中间位置，设置迭代值为 5，偏差限制值为 0.05mm，依次单击【应用】和【确定】按钮执行减少噪声操作。

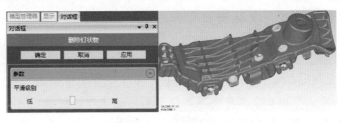

图 3-33 删除钉状物

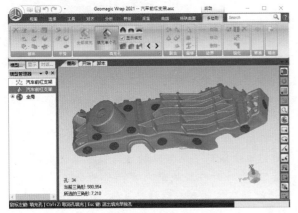

图 3-34 填充孔

图 3-35 多边形阶段减少噪声

（11）网格医生 单击【多边形】→【网格医生】命令，弹出网格医生对话框，可采用默认参数完成问题面片的修复操作。

（12）点云处理最终效果 经过上述一系列操作，前杠支架点云处理的最终效果如图 3-36 所示。

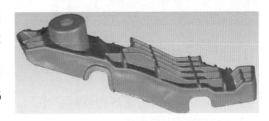

图 3-36 点云处理最终效果图

学习活动 6 任务评价

对学习者完成的任务采用 COMET 能力模型进行评价。评分者按照观测评分点给学习者的测评解决方案打分。具体评价见表 3-3。

表 3-3 基于 COMET 能力测评评价表

序号	评分项说明	完全不符合	基本不符合	基本符合	完全符合
1	对客户来说，获取前杠支架数据模型的表述是否容易理解？				
2	对技术人员来说，是否恰当地描述了获取前杠支架数据模型的解决方案？				
3	是否直观形象地说明了任务的解决方案（如：简单处理过程、文字说明）？				
4	解决方案的层次结构是否分明？描述解决方案的条理是否清晰？				
5	解决方案是否与专业规范或技术标准相符合（从设计理念、制图过程、加工工艺等）？				
6	解决方案是否满足客户要求？				
7	解决方案是否达到"技术先进水平"？				
8	解决方案是否可以实施？				
9	表述的解决方案是否正确？				

学习活动 7　人物风采

闭上眼能连接好小盒子里密如蛛网的线路——李刚

　　1965 年 7 月，北京地铁 1 号线开建，采用地面全挖掘式的方法，长安街为此大开膛。如今，中国正在修建世界上最庞大的城市地铁交通网。但是看不见哪一处工地为了建地铁而把整条街道大开膛。这全靠开凿地下隧道的终极武器——盾构机。

　　在中国中铁装备集团的车间里，工匠们正在忙碌。他们要率先制造出世界上独一无二的马蹄形盾构机，将能够直接开凿出马蹄形隧道。从世界上第一台盾构机诞生到现在，初始结构的盾构机接线盒虽然曾经有过一代代的高手试图予以改进，但最终还是只能原样不动。然而中国马蹄形盾构机的整体创新却要求中国工匠必须改变那个全世界同行都未曾撼动过的"祖宗之制"。而且这个重大改进是在紧迫的限期内完成的。从第一台国产复合式盾构机的电气组装到现在，李刚已经高质量地完成了 300 多台盾构机的电气系统组装。多年前，李刚研发制造的盾构机核心部件液位传感器打破了国外企业的百年垄断，性能跃居世界第一。这一次，李刚发起的技术冲击目标依然是世界第一。马蹄形盾构机的电路系统拥有 4 万多根电缆电线，4100 个元器件，1000 多个开关，如果其中有一根线接错，一个器件使用有误，就会导致整个盾构机"神经错乱"，甚至线路会被大面积地烧毁。李刚投入的这场技术改进是风险巨大的。而它所要求的精细、精准、精微、精妙，几乎时时在挑战着人类操作的极限。58 天的殚思竭虑，李刚终于设计出了一套与马蹄形盾构机相适应的新型脑神经系统。

　　巅峰匠艺的核心是"精"：心有精诚，手有精艺，必出精品。这些精品也许并不总是能够惊天动地。但它们却总会让一份令世人敬重的工匠精神传递久远，贡献人间。

学习活动 8　拓展资源

1. 前杠支架的数据处理 PPT。
2. 前杠支架点云数据处理思路微课。
3. 前杠支架的数据摆正微课。
4. 前杠支架点云数据处理微课。
5. 前杠支架填充孔微课。
6. 前杠支架的数据处理导出微课。
7. 前杠支架 STL 数据。
8. 课后练习。

 3-3-1　前杠支架点云数据处理思路微课

 3-3-2　前杠支架的数据摆正微课

 3-3-3　前杠支架点云数据处理微课

 3-3-4　前杠支架填充孔微课

 3-3-5　前杠支架的数据处理导出微课

项目四　三维数模重构

任务一　Geomagic Design X 软件认知

学习活动 1　学习目标

技能目标：

（1）能够使用 Geomagic Design X 软件的基本功能。

（2）能够运用 Geomagic Design X 软件进行逆向建模。

知识目标：

（1）掌握 Geomagic Design X 软件基本功能的相关知识。

（2）熟悉 Geomagic Design X 软件逆向建模的基本流程。

素养目标：

（1）培养忠诚爱国、勇于献身的革命精神。

（2）培养艰苦朴素、大公无私、舍己奉献的高尚品质。

（3）通过采用 COMET 能力模型对学习者提出要求，提升学习者的综合职业能力。

学习活动 2　任务描述

　　某公司为了提高市场竞争力，想通过逆向设计开发一批适销对路的新产品，目前产品的点云数据已经处理完毕，形成了 STL 面片模型数据，接下来要重构数模数据。请问：如何进行产品的数模重构呢？

学习活动 3　任务分析

　　想重建产品的数字化模型，拟采用行业中功能最全面的逆向工程软件 Geomagic Design X，使用其相应的功能命令来完成。

学习活动 4　必备知识

一、Geomagic Design X 软件界面功能

　　在桌面上双击 Geomagic Design X 图标打开软件，软件界面如图 4-1 所示，其中包含快速访问工具栏、菜单、选项卡、管理面板、图形区域和状态栏等。

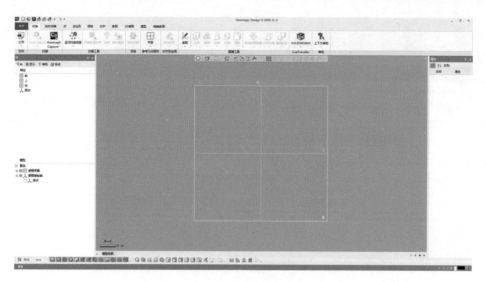

图 4-1 Geomagic Design X 软件界面

1. 快速访问工具栏

快速访问工具栏位于 Geomagic Design X 界面的左上
角，包含【新建】、【打开】、【保存】、【导入】、【输出】
和【设置】等命令，如图 4-2 所示。

图 4-2 快速访问工具栏

2. 菜单

菜单位于快速访问工具栏的下面，其中包含了 Geomagic Design X
中的所有命令，如图 4-3 所示。

3. 选项卡

选项卡和菜单相邻，也位于快速访问工具栏的下面，其中放置着
Geomagic Design X 中的各种命令，且各个命令又被归类到工具栏的各
个组中，如图 4-4 所示。

4. 管理面板

管理面板包含了 Geomagic Design X 中的一些重要设置，它可以被
放置在屏幕的任何位置，可以被固定、隐藏或完全关闭。

图 4-3 菜单

图 4-4 选项卡

（1）树面板 树面板是模型建立过程中必不可少的，上部分是特征树，下部分是模型树。
特征树可以作为一个历史特征树，通过列出的步骤，创建一个模型；模型树列出了和模型有
关的各个对象，如图 4-5 所示。

（2）显示面板 显示面板默认在树面板的旁边，包含了扫描数据和物体的显示选项，如
图 4-6 所示。

（3）帮助面板 帮助面板包含了一系列内容和查找每一个主题命令的索引信息，可以在
其中搜索想查询的命令，查询结果包括命令的功能、如何使用及其详细的选项等。

图 4-5　树面板

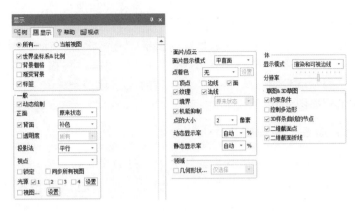

图 4-6　显示面板

（4）视点面板　视点面板可创建和编辑捕捉模型当下视图的状态，包括追加视点、更新视点、删除视点、缩放和输出视点等内容。

5. 图形区域

当在 Geomagic Design X 中打开一个文件时，模型会显示在图形区域中，图形区域顶部有一个工具栏，其中包括模型显示形式、视图方向和各种选择命令等，如图 4-7 所示。

6. 状态栏

状态栏位于 Geomagic Design X 界面的底部，其中包括控制各种数据对象可见性的开关、数据对象的各种选择方式和测量工具等，如图 4-8 所示。

图 4-7　图形区域

图 4-8　状态栏

7. 鼠标操作及快捷键

（1）鼠标操作　在屏幕右上方的角落，一个小三角箭头可以打开或关闭鼠标所有可用的功能显示。这个显示是动态的，只显示目前鼠标可用的功能，如图 4-9 所示。例如：旋转视图是持续按住鼠标右键，平移视图是持续按住鼠标右键后并按住鼠标左键。

（2）快捷键　通过快捷键可以迅速地获得某个命令，不需要在菜单栏或工具栏里选择命令，节省时间，常用的快捷键见表 4-1。

表 4-1　常用快捷键

命令	快捷键	命令	快捷键
新建	<Ctrl>+N	面片	<Ctrl>+1
打开	<Ctrl>+O	领域	<Ctrl>+2
保存	<Ctrl>+S	点云	<Ctrl>+3
撤销	<Ctrl>+Z	曲面体	<Ctrl>+4
恢复	<Ctrl>+Y	实体	<Ctrl>+5
反转	<Shift>+I	草图	<Ctrl>+6
选择所用	<Ctrl>+A，<Shift>+A	3D 草图	<Ctrl>+7
实时缩放	<Ctrl>+F	参照点	<Ctrl>+8
法向	<Ctrl>+<Shift>+A	参照线	<Ctrl>+9
		参照平面	<Ctrl>+0

图 4-9　鼠标操作方式

二、Geomagic Design X 软件工作流程

Geomagic Design X 逆向设计流程是首先由点云数据构建三角面片，然后根据三角面片的几何特征如曲率等，重新分割成为领域组，再在领域组上进行特征识别，判定几何特征是规则特征还是非规则特征，是二次标准曲面还是自由曲面。最后使用拉伸、旋转、放样、扫描、面片拟合和境界拟合等命令建立产品的数字化模型，其工作流程如图 4-10 所示。

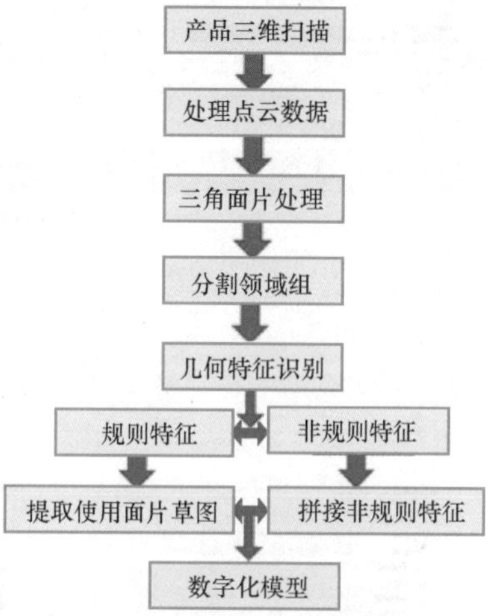

学习活动 5 任务实施

使用 Geomagic Design X 软件完成产品数字化模型重构的具体操作步骤如图 4-11 所示。

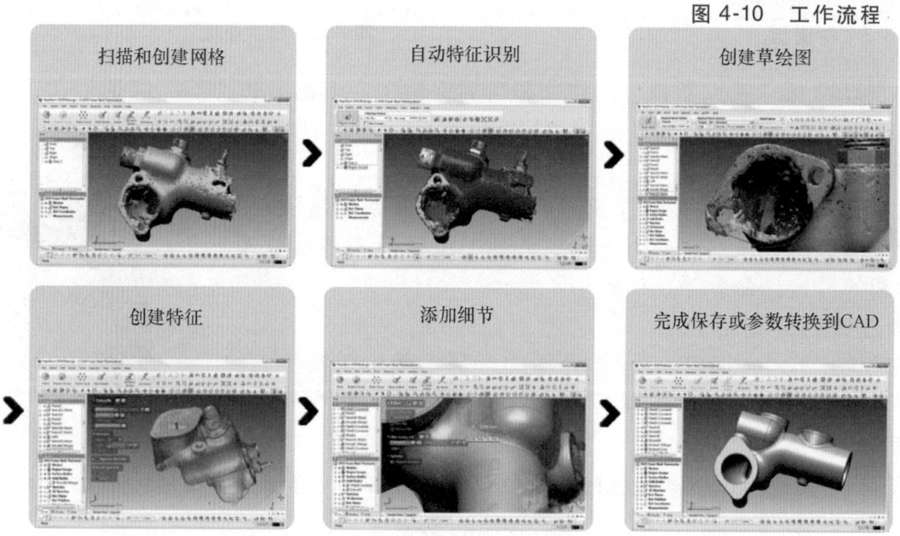

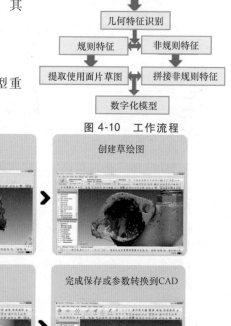

图 4-10 工作流程

图 4-11 产品的数字化模型重构步骤

学习活动 6 任务评价

对学习者完成的任务采用 COMET 能力模型进行评价。评分者按照观测评分点给学习者的测评解决方案打分。具体评价见表 4-2。

表 4-2 基于 COMET 能力测评评价表

序号	评分项说明	完全不符合	基本不符合	基本符合	完全符合
1	对初学者来说,软件的基本命令的表述是否容易理解?				
2	对初学者来说,是否能恰当地选择相应命令实施任务?				
3	是否可以快速地说明运用软件哪些功能解决哪些数据处理的问题(如:用面片)?				
4	实施任务中的特征树是否分明? 描述重构点云的软件操作是否清晰?				
5	重构点云时的软件操作是否规范(从理论、实践、制图等)?				
6	命令的解决方案是否满足使用者的功能性要求?				
7	软件的使用是否达到"技术先进水平"?				
8	是否可以流畅、清晰地选用软件界面?				
9	表述重构数模时的解决方案是否正确?				

学习活动7 人物风采

隐姓埋名的"中国核司令"——程开甲

1918年8月3日，程开甲出生于江苏吴江。1937年，程开甲高中毕业后被浙江大学录取。程开甲受教于束星北、王淦昌、陈建功、苏步青等学界一流的老师。1941年，程开甲毕业后留在浙江大学物理系任助教，并开始钻研相对论和基本粒子。1946年8月，在李约瑟博士的推荐下，程开甲赴英国爱丁堡大学留学，成为著名物理学大师玻恩教授的学生。在此期间，程开甲主要从事超导电性理论的研究，与导师共同提出了超导电的双带模型。1948年秋，程开甲获博士学位，任英国皇家化学工业研究所研究员。

程开甲彼时所处的时代，日本侵华，大好河山被日本铁蹄践踏。到英国留学后，国家贫困落后受欺负，身为一个中国人，在国外也备受歧视，但只能暗自承受。他明白，出生在一个积贫积弱的国家，连尊严都不配拥有。直到有一天，新中国的成立，让他看到了希望！1950年8月，程开甲婉拒导师玻恩的挽留，放弃了国外优厚待遇和研究条件，购买了所需的书籍，整理好行装，回到浙江大学物理系。

回国后最初的10年，是日子平静的10年。他先后任教于浙江大学、南京大学。1960年，一纸命令将程开甲调入北京，程开甲就任第二机械工业部第九研究所副所长，加入到我国核武器研究的队伍。从此，他消失了。就如同所有消失的"两弹元勋"科学家一样，他们将自己的生命投身于西北荒无人迹的荒漠上，从此消失20余年。程开甲从1963年第一次踏进罗布泊到1985年，一直生活在核试验基地，为开创中国核武器研究和核试验事业，倾注了全部心血和才智。

在钱三强的具体指导下，程开甲设计的中国第一个具有创造性和准确性的核试验方案，确保了首次核试验任务的圆满完成。程开甲成功地设计和主持包括首次原子弹、氢弹、导弹核武器、平洞、竖井和增强型原子弹在内的几十次试验。程开甲是中国指挥核试验次数最多的科学家，除了科学家的身份之外，程开甲还是一个军人，人们亲切地称他为"核司令"。

"我这辈子最大的心愿就是国家强起来，国防强起来。"正是怀着这颗赤子之心，程开甲奉献大漠20多年，苦干惊天动地事，甘做隐姓埋名人。

学习活动8 拓展资源

1. Geomagic Design X 软件认知 PPT。
2. Geomagic Design X 软件认知微课。
3. 课后练习。

4-1-1 Geomagic Design X
软件认知微课

任务二 热熔胶枪的数模重构

学习活动1 学习目标

技能目标：
(1) 能够分析使用 Geomagic Design X 软件进行热熔胶枪数模重构的思路。
(2) 能够使用 Geomagic Design X 软件进行热熔胶枪的数模重构。

知识目标：

　（1）掌握 Geomagic Design X 软件分割领域的方法。

　（2）掌握 Geomagic Design X 软件坐标对齐的方法。

　（3）掌握 Geomagic Design X 软件拉伸、回转、面片拟合和曲面剪切等命令的使用。

素养目标：

　（1）培养执着专注、追求极致的工匠精神。

　（2）培养爱岗敬业、无私奉献的工作作风。

　（3）通过采用 COMET 能力模型对学习者提出要求，提升学习者的综合职业能力。

学习活动 2　任务描述

热熔胶枪外壳破损无法实现其功用，由于此型号的热熔胶枪已停止销售，为节约资源准备 3D 打印热熔胶枪外壳，现在通过前期的扫描和数据处理工作，已经得到了热熔胶枪的 STL 面片模型数据。请问：如何做才能得到热熔胶枪的参数化模型？

学习活动 3　任务分析

想通过热熔胶枪的 STL 面片模型数据得到参数化模型，可通过 Geomagic Design X 软件进行数模重构。重构后的参数化模型可用于 3D 打印操作，也可导入其他设计软件进行创新设计等后续操作。

学习活动 4　必备知识

热熔胶枪数模重构过程如图 4-12 所示：首先将热熔胶枪 STL 面片文件导入；接着通过分割领域将模型特征提取出来，并根据这些特征将模型的位置摆正（主要特征平行于视图），以便建模时各视角尽可能多地显示模型真实形状；然后对模型各结构依据领域特征进行建模，包括枪体建模、枪嘴建模和开关建模，并通过布尔运算将所有特征合并为一个实体；最终可以得到热熔胶枪整体的参数化数据，将其导出以便后续使用。

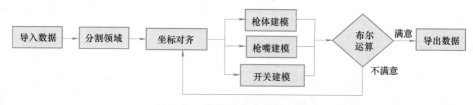

图 4-12　热熔胶枪数模重构过程

学习活动 5　任务实施

1. 导入数据

单击【菜单】→【插入】→【导入】命令，在弹出的导入对话框中选择热熔胶枪 STL 面片文件，单击【仅导入】按钮完成数据导入操作，或者将热熔胶枪 STL 面片文件直接拖入绘图区域。

2. 分割领域

1）单击【领域】→【自动分割】命令，弹出自动分割对话框，敏感度值设置为 30，如图 4-13 所示，单击确定进行领域自动分割计算。

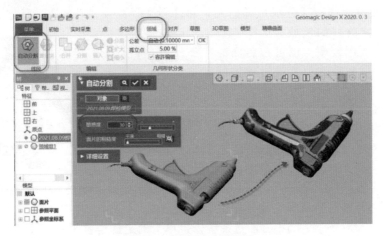

图 4-13　自动分割领域

2）没有完全分割好的领域可以进行手动分割。打开【画笔选择模式】，单击【领域】→【分割】命令，弹出分割对话框，用画笔画出要分割的领域，如图 4-14 所示。

3）保持画笔选择模式状态，通过鼠标绘制所需要领域，单击【领域】→【插入】命令，添加一个新领域，如图 4-15 所示。

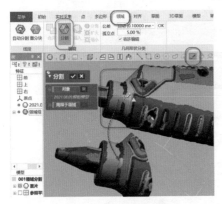

图 4-14　画笔分割领域

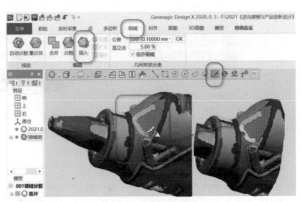

图 4-15　插入新领域

4）切换鼠标为【矩形选择模式】，按住<Ctrl>键选择要合并的领域，单击【领域】→【合并】命令，进行领域合并，合并后的新领域如图 4-16 所示。

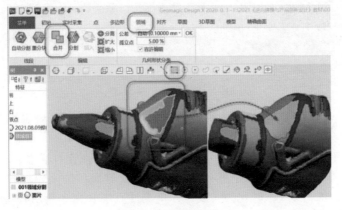

图 4-16　合并领域

5）根据需要合理选择【分割】、【插入】和【合并】命令，对每块需要修改的领域进行编辑，最终得到修改好的领域，如图4-17所示。为了提高工作效率，也可在后面的建模中根据需要再对特殊位置进行领域的修改。

图 4-17　热熔胶枪分割好的各领域

3. 坐标对齐

1）单击【模型】→【平面】命令，弹出追加平面对话框，方法选择绘制直线，如图4-18所示绘制一条对称线，单击确定创建"平面1"。

2）继续单击【平面】命令，用快捷键<Ctrl>+A全选胶枪和"平面1"，方法选择镜像，单击确定创建"平面2"，如图4-19所示。

图 4-18　创建"平面1"

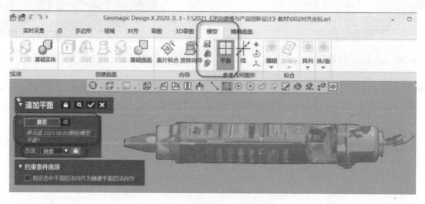

图 4-19　创建"平面2"

3）单击【模型】→【线】命令，弹出添加线对话框，方法选择检索圆柱轴，要素选择圆柱领域，单击确定创建"线1"，如图4-20所示。

4）单击【草图】→【面片草图】命令，弹出面片草图的设置对话框，选择平面投影方式，以"平面2"为基准平面，单击确定进入面片草图绘制界面后关闭领域和面片显示，再单击【转换实体】命令，将"线1"转化为实线，并单击【直线】命令绘制其垂线，创建"面片草图1"，如图4-21所示。

图 4-20　创建"线 1"

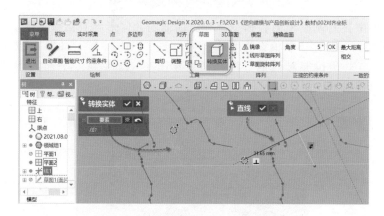

图 4-21　创建"面片草图 1"

5）单击【模型】→【点】命令，弹出添加点对话框，提取两条直线的交点，单击确定创建"点 1"，如图 4-22 所示。单击【对齐】→【手动对齐】命令，弹出手动对齐对话框，选择胶枪面片模型后进入下一阶段，选择 X-Y-Z 方式，参数设置如图 4-23 所示，即位置为"点1"，X 轴为"线 1"，Y 轴为"曲线 1"。确定之后检查一下对齐效果，若没有问题则可删除"平面 1"和"平面 2"等。

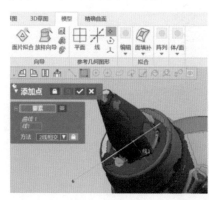

图 4-22　创建"点 1"

图 4-23　手动对齐坐标

4. 枪体建模

1）单击【草图】→【面片草图】命令，选择平面投影方式，以"上面"为基准平面，设置轮廓投影范围的值为 50mm，利用【直线】、【3 点圆弧】、【剪切】和【圆角】等命令，创建"面片草图 1"，如图 4-24 所示。

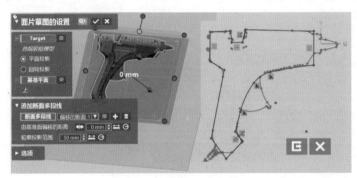

图 4-24　创建"面片草图 1"

2）单击【模型】→【基础曲面】命令，弹出曲面的几何形状对话框，手动提取平面领域，为了完全包含模型，延长比率的值设为 80%，创建"平面曲面 1"，如图 4-25 所示。然后单击【实体拉伸】命令，弹出拉伸对话框，将"面片草图 1"拉伸到"平面曲面 1"处，并开启【体偏差】观察拉伸效果，创建"拉伸 1"，如图 4-26 所示。

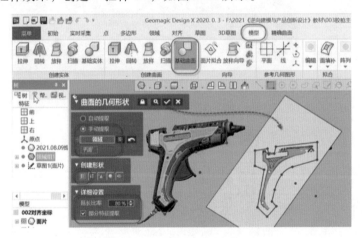

图 4-25　创建"平面曲面 1"

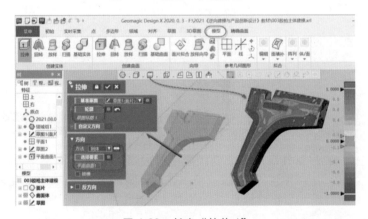

图 4-26　创建"拉伸 1"

3）单击【模型】→【镜像】命令，弹出镜像对话框，对称复制"拉伸1"，再单击【布尔运算】命令，弹出布尔运算对话框，进行合并操作，如图4-27所示，然后对如图4-28所示的部位执行【圆角】命令操作。

4）单击【模型】→【曲面偏移】命令，弹出曲面偏移对话框，将如图4-29所示的8个面偏移1.5mm，创建"曲面偏移1"以备后用。

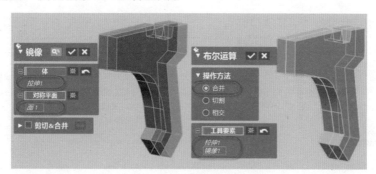

图4-27　镜像和布尔运算合并

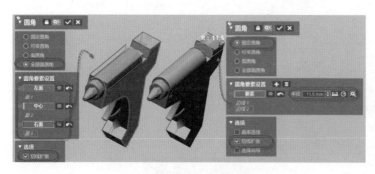

图4-28　圆角

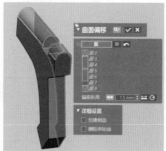

图4-29　创建"曲面偏移1"

5）绘制枪体侧面时，先把黄色虚线处的领域用直线选择模式分割成五部分，如图4-30所示，接着从上到下依次通过【基础曲面】命令创建"平面曲面2""平面曲面3"和"平面曲面4"，如图4-31所示。

6）单击【模型】→【延长曲面】命令将各曲面延长，如图4-32所示，再使用【剪切曲面】

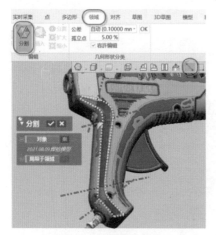

图4-30　直线分割领域

图4-31　分别创建平面曲面

命令将各曲面相互剪切，创建"剪切曲面1"，如图4-33所示，曲面相交处用【圆角】命令进行过渡，并打开【体偏差】调整圆角数值至适合，如图4-34所示。

图4-32　延长曲面

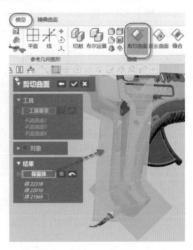

图4-33　创建"剪切曲面1"

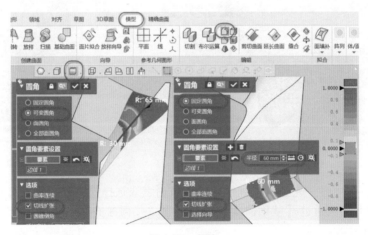

图4-34　圆角

7）单击【模型】→【切割】命令，弹出切割对话框，用上一步得到的曲面作为工具切割枪体，结果如图4-35所示。

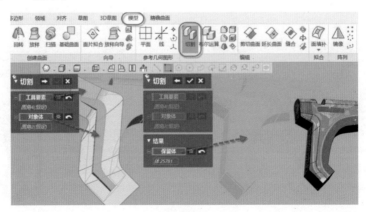

图4-35　切割

8）按住<Ctrl>键由"右面"移动复制"平面5"，以此平面为基准平面创建"面片草图6"，如图4-36所示。然后单击【实体拉伸】命令，选择双向适合长度切割多余部分，创建"拉伸2"，如图4-37所示。

注意：由于前面【基础曲面】命令使用时会自动生成一些特征，比如创建"平面曲面4"时会自动生成"平面4"和"草图5"，所以在叙述中某些特征编号看起来会不连续，后面类似情况就不再赘述，特征编号仅作参考。

9）选中如图4-38所示的边线进行固定圆角和可变圆角操作。

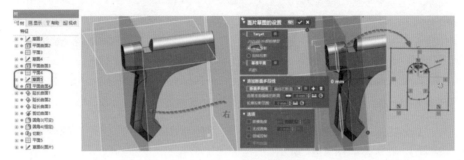

图4-36 创建"面片草图6"

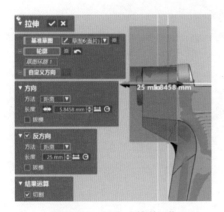

图4-37 创建"拉伸2"

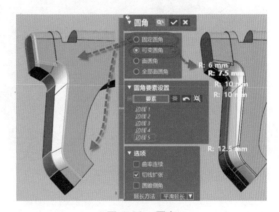

图4-38 圆角

10）单击【模型】→【线】命令，方法选择拉伸轴，提取如图4-39所示的领域创建"线1"。然后单击【平面】命令，利用选择点和法线轴方法，选择领域边缘一点和"线1"创建"平面6"。

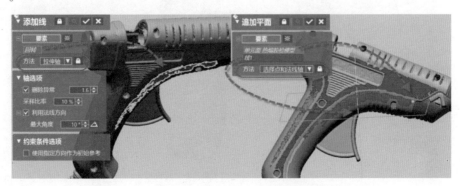

图4-39 创建"线1"和"平面6"

11）以"平面6"为基准平面创建"面片草图7"，如图4-40所示。

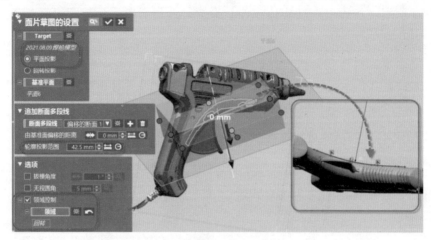

图4-40　创建"面片草图7"

12）单击【模型】→【曲面拉伸】命令，将"面片草图7"双向拉伸，创建"拉伸3"，并执行【延长曲面】命令，如图4-41所示。

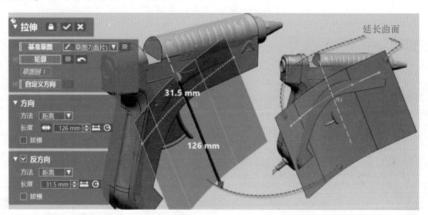

图4-41　创建"拉伸3"

13）选中所需领域，按住鼠标右键旋转模型至如图4-42所示的状态（视图中领域显示为重合的一条曲线），再单击【平面】命令，利用视图方向方法创建"平面7"。

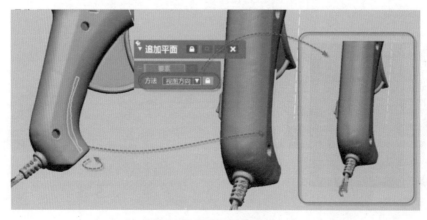

图4-42　创建"平面7"

14）以"平面7"为基准平面创建"面片草图8"，再单击【曲面拉伸】命令，拉伸"面片草图8"得到"拉伸4"，并执行【延长曲面】命令，如图4-43所示。

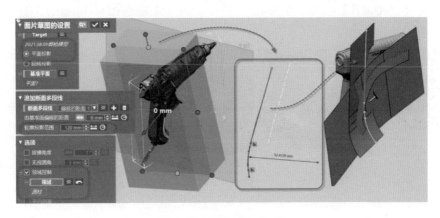

图4-43 创建"拉伸4"

15）单击【模型】→【剪切曲面】命令，将"拉伸3"和"拉伸4"多余部分剪掉，创建"剪切曲面2"，再用"剪切曲面2"通过【切割】命令切割实体，并打开【体偏差】执行【圆角】命令操作，如图4-44所示。

16）单击【3D草图】命令，进入草图绘制界面，选择【样条曲线】命令分别在实体上各绘制一条3D曲线，并调整曲线至适合位置，如图4-45所示。然后执行【圆角】命令，选择面圆角方式，保持线选刚绘制好的两条样条曲线，如图4-46所示。

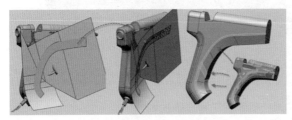

图4-44 枪体前端曲面建模过程

图4-45 3D草图绘制样条曲线

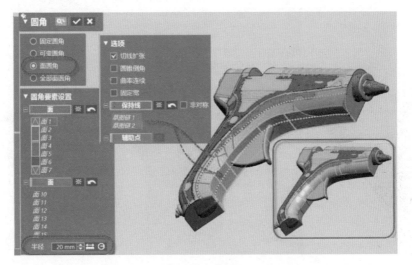

图4-46 面圆角

17）以"上面"为基准平面创建"草图9"，再执行【实体拉伸】命令切割多余实体，创建"拉伸5"，然后对边线处进行倒圆角，如图 4-47 所示。

18）单击【曲面偏移】命令，将如图 4-48 所示的 2 个曲面偏移 10mm，创建"曲面偏移2"以备后用。

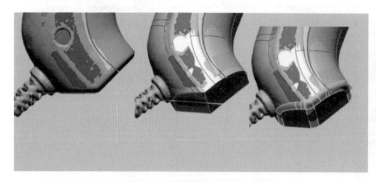

图 4-47　枪体尾部建模过程　　　　　　　　　图 4-48　创建"曲面偏移 2"

19）用 13）到 14）的方法分别创建"平面8""面片草图10"和"拉伸6"（图 4-49）。

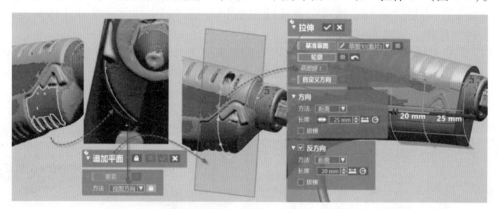

图 4-49　创建"平面8""面片草图10"和"拉伸6"

20）将"拉伸6"镜像后，再对两个曲面进行半径为 6mm 的圆角过渡，如图 4-50 所示。

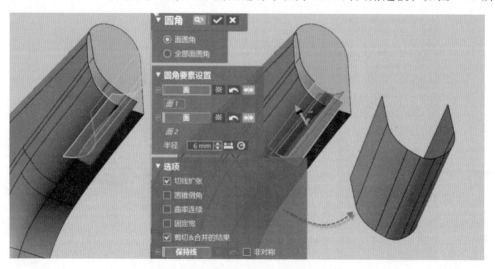

图 4-50　"拉伸6"编辑

21）以"上面"为基准平面创建"草图11"，再执行【曲面拉伸】命令得到"拉伸7"，如图4-51所示。

22）单击【模型】→【基础曲面】命令，选择手动提取圆柱面，勾选部分特征提取，创建"圆柱曲面1"，如图4-52所示。

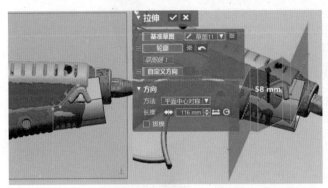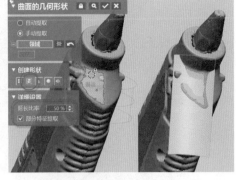

图 4-51　创建"拉伸7"　　　　　　　　　　图 4-52　创建"圆柱曲面1"

23）同19）的方法创建"平面10""面片草图13"和"拉伸8"（图4-53）。

图 4-53　创建"平面10""面片草图13"和"拉伸8"

24）将"圆柱曲面1"与"拉伸8"通过【剪切曲面】命令进行裁剪，创建"剪切曲面3"，然后在交线处进行倒圆角，如图4-54所示。

图 4-54　"圆柱曲面1"和"拉伸8"的连接过渡

25）将倒圆角后的"剪切曲面3"和编辑后的"拉伸6"通过【剪切曲面】命令进行裁剪，创建"剪切曲面4"，如图4-55所示；再将"剪切曲面4"和"拉伸7"进行裁剪，创建"剪切曲面5"，如图4-56所示。

26）先将模型用"上面"切割一半，再用"剪切曲面5"切割掉多余实体，然后在交线处倒圆角，如图4-57所示。

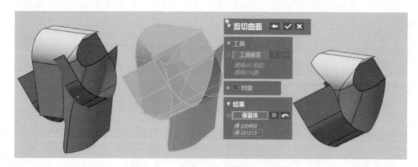

图 4-55　创建"剪切曲面 4"

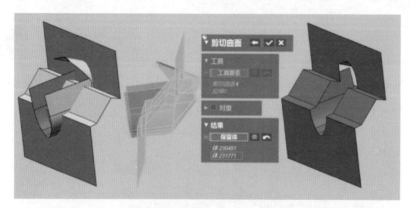

图 4-56　创建"剪切曲面 5"

27）为便于后续建模拉伸合并需要，单击【模型】→【移动面】命令，弹出移动面对话框，将枪头尺寸延长 2mm，如图 4-58 所示。

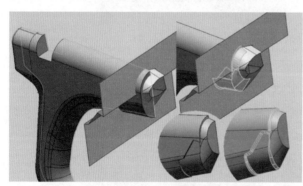

图 4-57　"剪切曲面 5"切割实体并倒圆角

图 4-58　移动面

28）以"右面"为基准平面创建"面片草图 14"，然后将其实体拉伸 16.5mm 与胶枪主体结构合并，并在交线处倒圆角，如图 4-59 所示。

29）以如图 4-60 所示的实体表面为基准平面创建"面片草图 15"，然后实体拉伸切割掉 1.1mm。

30）将 29）得到的结构进行倒圆角，然后单击【壳体】命令，弹出壳体对话框，对整体抽壳，壳厚 2.2mm，如图 4-61 所示。

31）将"右面"负向偏移 120mm 得到"平面 11"，以此平面为基准平面创建"面片草图 16"，然后进行实体拉伸，如图 4-62 所示。

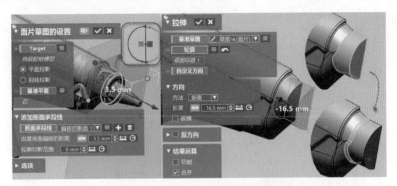

图 4-59　胶枪主体枪嘴部分结构建模

图 4-60　创建"面片草图 15"并实体拉伸

32）对 31）得到的实体执行【线形阵列】和【布尔运算】的合并命令，如图 4-63 所示。

33）以"上面"为基准平面创建"草图17"，然后实体拉伸 38.5mm，如图 4-64 所示。

34）对 32）、33）得到的实体先执行【布尔运算】的相交操作，再将相交操作的结果和壳体执行切割操作，如图 4-65 所示。

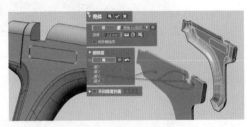

图 4-61　主体抽壳

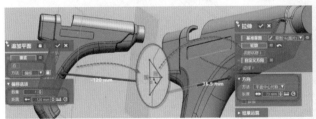

图 4-62　创建"面片草图 16"并实体拉伸

图 4-63　线形阵列和布尔运算合并

图 4-64　创建"草图 17"并实体拉伸

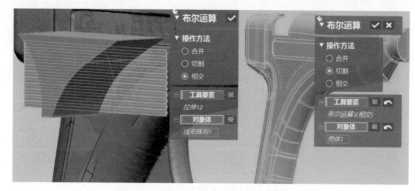

图 4-65　布尔运算相交和切割

35）以"上面"为基准平面创建"草图 18"，实体拉伸 15mm，然后进行倒圆角操作，如图 4-66 所示。

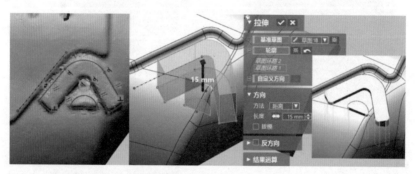

图 4-66　创建"草图 18"并实体拉伸和倒圆角

36）用"剪切曲面 5"切割上一步所得实体，然后将其与壳体布尔运算合并后倒圆角，如图 4-67 所示。

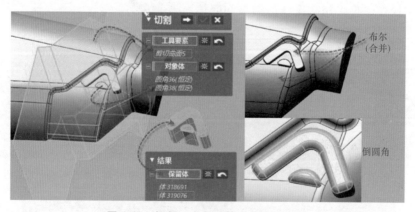

图 4-67　切割、布尔运算合并和倒圆角

37）将"上面"正向偏移 13.5mm 创建"平面 12"，以此平面为基准平面创建"草图 19"，然后实体拉伸 7mm 和壳体切割，如图 4-68 所示。

38）以"前面"为基准平面创建"草图 20"，然后曲面拉伸 32.5mm，并对其执行【赋厚曲面】命令，赋厚值为 2，如图 4-69 所示。

39）以绘制直线的方式创建"平面 13"，以此平面为基准平面创建"草图 21"，如图 4-70 所示，然后实体对称拉伸 22mm，如图 4-71 所示。

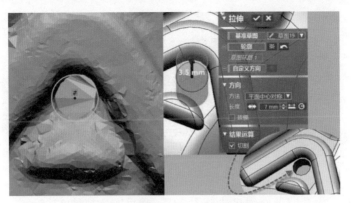

图 4-68 创建"草图 19"并实体拉伸

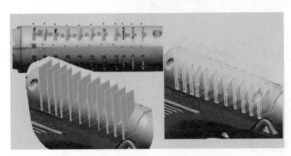

图 4-69 创建 11 个赋厚曲面

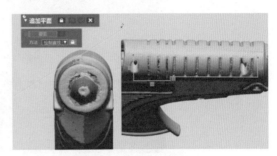

图 4-70 创建"草图 21"

图 4-71 实体对称拉伸

40）用 18）得到的"曲面偏移 2"作为工具对上一步拉伸体进行切割，然后将切割后的模型与 38）得到的 11 个赋厚曲面进行布尔运算的相交操作，如图 4-72 所示。

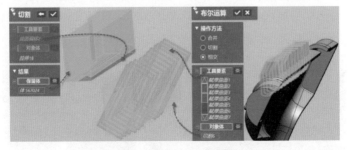

图 4-72 切割和布尔运算相交

41）用上一步布尔运算的结果作为工具对主体进行布尔运算的切割操作，如图 4-73 所示。

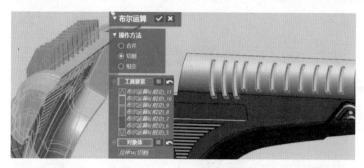

图 4-73　布尔运算切割

42）以"上面"为基准平面创建"草图 22"，然后实体拉伸 37.5mm，如图 4-74 所示。

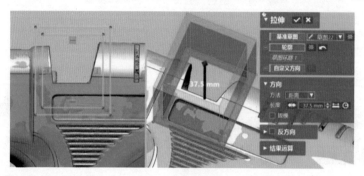

图 4-74　创建"草图 22"并实体拉伸

43）用 4）得到的"曲面偏移 1"作为工具对上一步拉伸体进行切割，如图 4-75 所示。

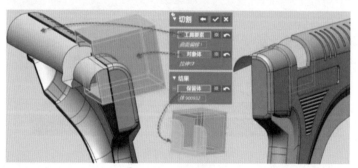

图 4-75　切割

44）以图 4-76 所示平面为基准平面创建"面片草图 23"，实体拉伸 4mm 和主体合并，然后以拉伸后的表面为基准平面继续创建"面片草图 24"，双向实体拉伸和主体切割。

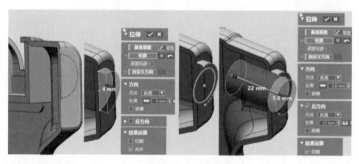

图 4-76　胶枪尾部建模 1

45）以图 4-77 所示平面为基准平面创建"面片草图 25"，实体拉伸 7mm，然后继续创建"面片草图 26"，双向实体拉伸和主体切割。

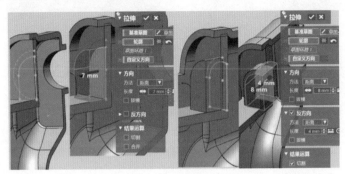

图 4-77　胶枪尾部建模 2

46）以图 4-78 所示平面为基准平面创建"面片草图 27"，双向实体拉伸，然后继续创建"面片草图 28"，双向实体拉伸和主体切割。

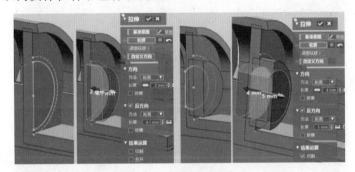

图 4-78　胶枪尾部建模 3

47）布尔运算所有实体后，对如图 4-79 所示区域执行【删除面】命令操作。

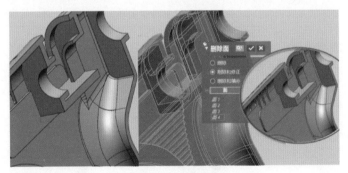

图 4-79　删除面

48）镜像枪体后将"前面"负向偏移 13mm 创建"平面 14"，以此平面为基准平面创建"面片草图 29"，双向实体拉伸，如图 4-80 所示。

49）将如图 4-81 所示位置的曲面偏移 0.8mm 创建"曲面偏移 3"，并将其延长。

50）用上一步得到的延长曲面切割 48）得到的实体，然后将边线处倒圆角，如图 4-82 所示。

51）以"上面"为基准平面创建"面片草图 30"，实体拉伸和主体切割，如图 4-83 所示。

图 4-80　创建"面片草图 29"并双向实体拉伸

图 4-81　曲面偏移和延长曲面

图 4-82　切割和倒圆角

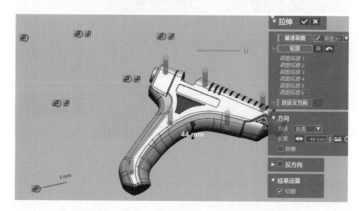

图 4-83　创建"面片草图 30"并实体拉伸

52）以如图 4-84 所示的实体面为基准平面创建"面片草图 31"，实体拔模拉伸和主体切割。

53）单击【模型】→【基础实体】命令，弹出几何形状对话框，手动提取球形领域创建"球体 1"，然后将球和枪体布尔运算合并，如图 4-85 所示。

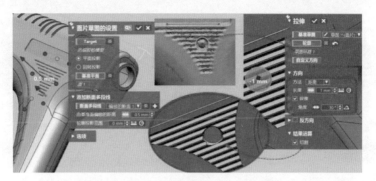

图 4-84　创建"面片草图 31"并实体拉伸

图 4-85　创建"球体 1"并布尔运算合并

54）选择如图 4-86 所示的 7 个面偏移 0.5mm 创建"曲面偏移 4"，然后在 3D 草图中用样条曲线把断开的两点连接上，再通过【模型】→【面填补】命令把曲面补齐。

55）选择如图 4-87 所示的 5 个面偏移 0.5mm，创建"曲面偏移 5"。

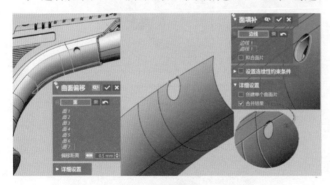

图 4-86　创建"曲面偏移 4"和面填补

图 4-87　创建"曲面偏移 5"

56）将"前面"正向偏移 47mm 创建"平面 16"，以此平面为基准平面创建"草图 33"，如图 4-88 所示。

57）将"草图 33"中左侧 10 个闭合线框实体拉伸到"曲面偏移 4"处，将右侧 4 个闭合线框实体拉伸到"曲面偏移 5"处，如图 4-89 所示。

58）用上一步拉伸出来的实体和胶枪主体进行布尔运算切割，如图 4-90 所示。

5. 枪嘴建模

1）将"右面"正向偏移 10mm 创建"平面 17"，以此平面为基准平面创建"面片草图 34"，然后实体正向拉伸 14.1mm，拔模 13°，反向拉伸到"右面"，拔模角度同正向，如图 4-91 所示。

2）以"右面"为基准平面创建"面片草图 35"，实体拉伸和主体切割，然后对边线处倒圆角，如图 4-92 所示。

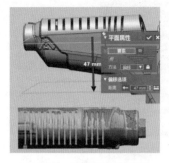
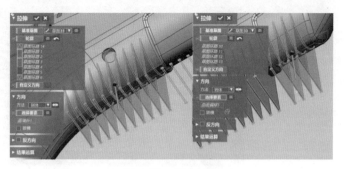

图 4-88　创建"草图 33"　　　　　　　　图 4-89　实体拉伸

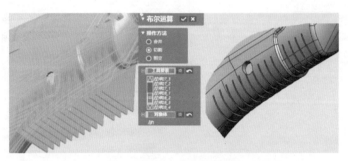

图 4-90　布尔运算切割

图 4-91　创建"面片草图 34"并实体拉伸

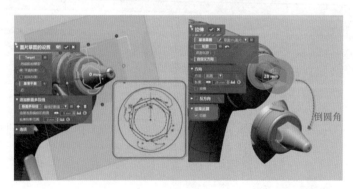

图 4-92　创建"面片草图 35"并实体拉伸和倒圆角

6. 开关建模

1）以"上面"为基准平面创建"面片草图 36"，再利用 N 等分方式添加等分平面，以此平面为基准平面创建"面片草图 37"。然后单击【模型】→【实体扫描】命令，弹出扫描对话框，以"面片草图 37"为轮廓，以"面片草图 36"为路径，创建"扫描 1"，如图 4-93 所示。同样的方法可创建"面片草图 38""面片草图 39"和"扫描 2"，如图 4-94 所示。

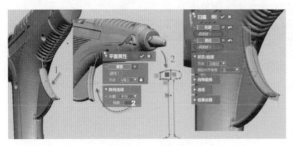

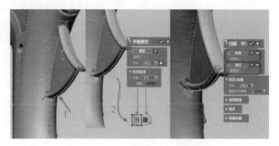

图 4-93 创建"扫描 1"   图 4-94 创建"扫描 2"

2）以"上面"为基准平面创建"面片草图 40"，实体拉伸 1mm，然后执行倒圆角、镜像和布尔运算合并操作，如图 4-95 所示。

3）以如图 4-96 所示的平面为基准平面创建"面片草图 41"，实体正向拉伸 1.5mm，拔模 20°，反向拉伸 1mm，拔模角度同正向，与主体合并，然后进行倒圆角。

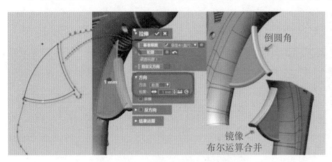

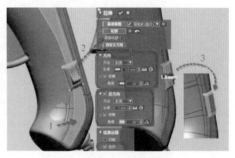

图 4-95 实体拉伸、倒圆角、   图 4-96 创建"面片草图 41"
镜像和布尔运算合并   并实体拉伸和倒圆角

4）选中如图 4-97 所示的边线，利用 N 等分方式添加等分平面，以此平面为基准平面创建"面片草图 42"，然后双向实体拉伸和主体合并，并在边线处倒圆角。

7. 布尔运算

胶枪所有结构完成后，将其进行布尔运算合并，最终结果如图 4-98 所示。

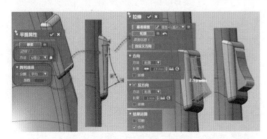

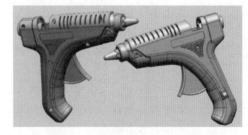

图 4-97 创建"面片草图 42"并实体拉伸和倒圆角   图 4-98 热熔胶枪重构整体效果图

8. 导出数据

单击【菜单】→【文件】→【输出】命令，在弹出的输出对话框中选择热熔胶枪实体模型，再选择 STP 格式和保存路径即可。

学习活动 6 任务评价

对学习者完成的任务采用 COMET 能力模型进行评价。评分者按照观测评分点给学习者的测评解决方案打分。具体评价见表 4-3。

表 4-3　基于 COMET 能力测评评价表

序号	评分项说明	完全不符合	基本不符合	基本符合	完全符合
1	数据导入、导出是否正确,能否满足下一步创新设计要求?				
2	逆向重构前有没有摆正模型坐标?				
3	热熔胶枪模型所有结构是否建立完毕?				
4	热熔胶枪重构模型与点云数据的体偏差程度?				
5	重构方案是否合理、有没有更优方式?				
6	是否考虑到人体工程学方面的要求并说明理由?				

学习活动 7　人物风采

矢志报国，航天事业练就焊接神技——高凤林

当大街上的广播中传出我国第一颗人造地球卫星传回的"东方红"乐曲声，年幼的高凤林产生了疑问："卫星是怎么飞到天上去的?"当他以优异的成绩从中学毕业面临抉择时，母亲一句："报考七机部技校吧，去解你小时候的迷惑。"从此，他便与航天结下了不解之缘。迈出校门的高凤林，走进了人才济济的火箭发动机焊接车间氩弧焊组，跟随我国第一代氩弧焊工学习技艺。师傅给学员们讲中国航天艰难的创业史，讲 20 世纪 70 年代初 25 天完成 25 台发动机的"双二五"感人事迹，讲航天产品成败的深远影响，还有党和国家对航天事业的关怀和鼓励。也就是从那时起，"航天"两个字深深镌刻在高凤林的内心。他暗下决心，要成为像师傅那样对航天事业有用的人。

为了练好基本功，他吃饭时习惯拿筷子比画着焊接送丝的动作，喝水时习惯端着盛满水的缸子练稳定性，休息时举着铁块练耐力，更曾冒着高温观察铁水的流动规律。渐渐地，高凤林日益积攒的能量迸发出来。

20 世纪 90 年代，为我国主力火箭长三甲系列运载火箭设计的新型大推力氢氧发动机，其大喷管的焊接曾一度成为研制瓶颈。火箭大喷管的形状有点儿像牵牛花的喇叭口，是复杂的变截面螺旋管束式结构，延伸段由 248 根壁厚只有 0.33mm 的细方管通过工人手工焊接而成。全部焊缝长达近 900m，管壁比一张纸还薄，焊枪停留 0.1s 就有可能把管子烧穿或者焊漏，一旦出现烧穿和焊漏，不但大喷管面临报废，损失百万，而且影响火箭研制进度和发射日期。高凤林和同事经过不断摸索，凭借着高超的技艺攻克了烧穿和焊漏两大难关。然而，焊接出的第一台大喷管 X 光检测显示，焊缝有 200 多处裂纹，大喷管将被判"死刑"。高凤林没有被吓倒，他从材料的性能、大喷管结构特点等展开分析排查。最终，在高层技术分析会上，他在众多技术专家的质疑声中大胆直言，是假裂纹! 经过剖切试验，200倍的显微镜下显示的焊缝纹理证明他的判断是正确的。就此，第一台大喷管被成功送上了试车台，这一新型号大推力发动机的成功应用，使我国火箭的运载能力得到大幅提升。

久而久之，高凤林成为远近闻名的能工巧匠，社会上的一些单位遇到解决不了的技术难题，也登门求助。一次，我国从俄罗斯引进的一种中远程客机发动机出现了裂纹，很多权威专家都没有办法修好，俄罗斯派来的专家更是断言，只有把发动机拆下来，运回俄罗斯去修，或者请俄罗斯的专家来中国，才能焊接好。高凤林被请到了机场，焊完后，俄方专家反反复复检查了好几遍，面带微笑对高凤林竖起了大拇指。高凤林展现了中国人的志气，展示了中国高技能人才的技艺，为祖国争得了荣誉。

学习活动 8　拓展资源

1. 热熔胶枪的数模重构 PPT。
2. 热熔胶枪外形数模重构思路微课。
3. 热熔胶枪外形数模重构前的对齐微课。
4. 胶枪枪体前部数模重构微课。
5. 胶枪枪体头部数模重构微课。
6. 热熔胶枪枪体后部数模重构微课。
7. 课后练习。

4-2-1　热熔胶枪　　4-2-2　热熔胶枪　　4-2-3　胶枪枪体
外形数模重构　　　外形数模重构　　前部数模重构
思路微课　　　　　前的对齐微课　　　微课

4-2-4　胶枪枪体头部　　4-2-5　热熔胶枪枪体
数模重构微课　　　　后部数模重构微课

任务三　前杠支架的数模重构

学习活动 1　学习目标

技能目标：

（1）能够分析使用 Geomagic Design X 软件进行前杠支架数模重构的思路。
（2）能够使用 Geomagic Design X 软件进行前杠支架的数模重构。

知识目标：

（1）掌握 Geomagic Design X 软件拔模、移动面、替换面和曲面偏移等命令的使用。
（2）了解与前杠支架有关的注塑模具的相关知识。

素养目标：

（1）培养爱国爱党、为国奉献的革命精神。
（2）培养精益求精、追求极致的工匠精神。
（3）通过采用 COMET 能力模型对学习者提出要求，提升学习者的综合职业能力。

学习活动 2　任务描述

　　某汽车生产厂商的前杠支架需要在最初结构的基础上进行创新修改，之前的产品问世时间较长，图样已更新多个版本，因此需要用实物扫描后进行数模重构。现在通过前期的扫描和数据处理工作，已经得到了前杠支架的 STL 面片模型数据。请问：如何做才能得到前杠支架的参数化模型？

学习活动 3　任务分析

　　前杠支架是汽车车体常用零部件之一，其作用主要是连接汽车前保险杠和车身。前杠支架的种类比较多，形状不一。如图 4-99 所示这种前杠支架为注塑材料、分体式前杠支架，即一辆车左右各有一个支架来连接前保险杠和车身。前杠支架需要有一定的刚度和抗冲击强度，

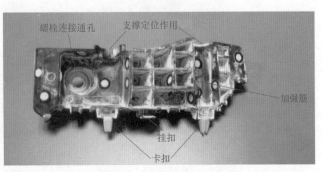

图 4-99　前杠支架连接部位示意图

以承受保险杠受冲击时的外力，支撑保险杠，其连接部位如图4-99所示。

我们接到前杠支架的逆向设计任务后，对实物进行了观察分析，零件是在汽车车身上拆卸下来的，已经使用了较长时间，而且通过分析扫描数据发现，零件产生了部分变形，特别是分型面位置变形较大，给逆向基准面的确定带来不便。所以逆向思路不能以重构的模型符合扫描数据精度为主，还需要考虑还原零件设计意图，并且这种批量零件的制造及检测都需要有工程图作为依据，特别是安装装配的位置精度尤为重要，这也是数模重构应该注意的问题。根据以上分析，确定使用 Geomagic Design X 软件进行前杠支架数模重构的思路如图4-100所示。

图 4-100　前杠支架数模重构过程

学习活动4　必备知识

一、注塑模具的相关知识

前杠支架是注塑件，每个注塑产品在开始设计时首先要确定其开模方向和分型线，以保证尽可能减少抽芯滑块机构和消除分型线对外观的影响。在设计时要注意：①开模方向确定后，产品的加强筋、卡扣、凸起等结构尽可能设计成与开模方向一致，以避免抽芯、减少拼缝线，延长模具寿命；②开模方向确定后，可选择适当的分型线，避免开模方向存在倒扣，以改善外观及性能；③适当的脱模斜度可以保证产品顺利脱模。

二、Geomagic Design X 常用建模命令

1. 拔模

拔模是指以特定的角度斜削所选零件面的命令，单击【模型】→【拔模】命令，打开拔模对话框，如图4-101所示。选择拔模类型主要有基准平面拔模、分割线拔模和拔模步骤三种，本例中我们用到的是基准平面拔模。基准平面用来决定零件平面倾斜方向及倾斜角度，基准平面只能是一个，可以是零件坐标系的基准平面（参照面），或者是平面领域，也可以是平直的实体表面或者曲面体中的平面，一般和需要拔模的平面相邻或相交；拔模面指选定要拔模的面，可以是多个平直的实体表面或者曲面体中的平面；拔模角度指面倾斜的角度值，可以在对话框中直接输入。按照图4-101所示设置，完成后的结果如图4-102所示。

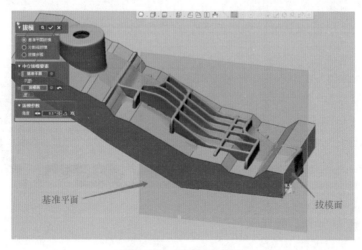

图 4-101　拔模操作过程

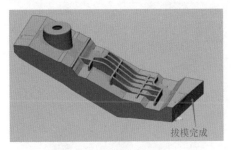

图 4-102　拔模完成结果

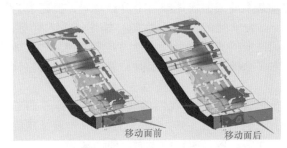

图 4-103　移动面前后结果

2. 移动面

移动面是指把选定的零件表面移动一个距离，使逆向后的零件表面更贴合面片，提高逆向精度，移动面前后的结果如图 4-103 所示。

单击【模型】→【移动面】命令，打开移动面对话框，如图 4-104 所示。移动面的类型有移动和回转两种，本例中使用的是移动。要移动的面可以有多个，可以是平直的实体表面或者曲面体中的面；移动方向只能有一个，可以选择面、参照平面、参照线、曲线和边线等，移动方向和线的方向一致，和面的方向垂直；移动距离可以在对话框中直接输入。

3. 替换面

替换面是【模型】→【体/面】命令里提高逆向精度的一种常用功能。如图 4-105 所示的圆圈区域，两个相邻平面的逆向偏差较大，利用移动面或者拔模分别对两个相邻面进行调整不能满足模型重构的精度需要。因此我们可以利用替换面功能用一个高精度平面把两个面中较小的那个平面替换掉，来达到提高逆向精度的目的。

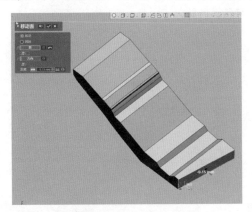

图 4-104　移动面操作过程

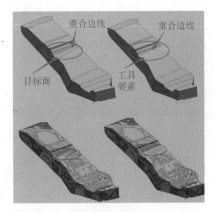

图 4-105　替换面的要素示意

> **注意**：替换面中要替换掉的面叫作目标面，替换后的面叫作工具要素，工具要素是根据模型实际情况提前做出来的曲面体，做此曲面体的时候，要保证一条边线和对象面的一条边线重合。

单击【模型】→【替换面】命令，打开替换面对话框，如图 4-106 所示。本例中对象面选择实体的表面，工具要素选择提前用放样做好的面，此图中工具要素在对象面的下面，且有一条重合边线，由于工具要素被遮挡，选择时可以在模型树区域单击面的名字进行选择。

4. 曲面偏移

曲面偏移可以对曲面体或者实体表面进行操作，可以是直面也可以是曲面，可以复制或者移动某个面或曲面体到一个等距位置，此距离为0时，即为单纯的复制面功能。如图 4-107 所示，当我们逆向的实体由于尺寸原因需要用到某些实体边界对多余的部分进行切割时，就会用到曲面偏移命令。

单击【模型】→【曲面偏移】命令，打开曲面偏移对话框，如图 4-108 所示。本例中先选择需要偏移的面，一般是实体的表面或曲面体，可以同时选择多个面，再输入偏移距离，注意详细设置处不要勾选删除原始面。把偏移出来的面进行延长后，对多余实体进行切割，结果如图 4-109 所示。

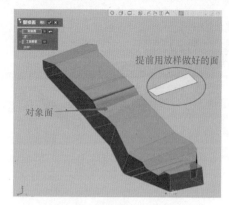

图 4-106　替换面操作过程

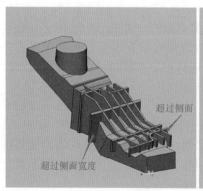

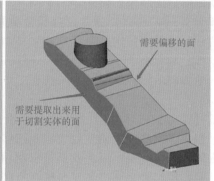

图 4-107　曲面偏移使用场景

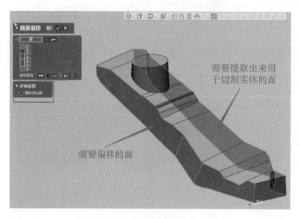

图 4-108　曲面偏移操作过程

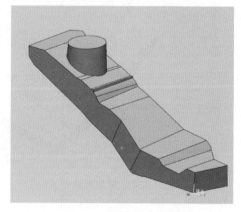

图 4-109　切割后结果

学习活动 5　任务实施

1. 坐标对齐

1）由于前杠支架不是对称结构，所以先把零件角部的一个点确定为坐标系原点。三个平面领域的交点可以产生一个"点 1"，可以把此点定义为坐标系原点，如图 4-110 所示。

2）选取前杠支架上最长加强筋的两个侧面，使用平均方式创建一个临时"平面 1"，如图 4-111 所示。

3）选择"平面 1"和"点 1"，使用选择点和法线轴方式，创建平行"平面 2"，如图 4-112 所示。

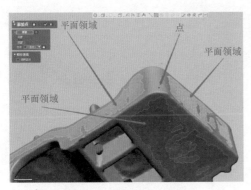

图 4-110　坐标系原点选择

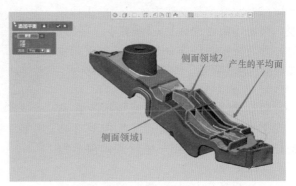

图 4-111　创建"平面 1"

4）同样的方法利用另一个方向的加强筋，创建"平面 3"和"平面 4"，如图 4-113 所示。

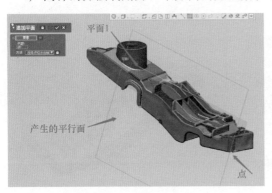

图 4-112　创建"平面 2"

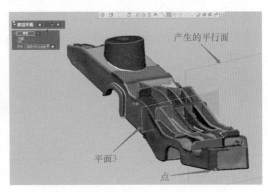

图 4-113　创建"平面 3"和"平面 4"

5）利用"平面 2""平面 4"和底部的平面区域，两两相交创建"线 1""线 2"和"线 3"，如图 4-114 所示。

6）完成后上述三条互相垂直的相交直线构成一个临时直角坐标系，如图 4-115 所示。

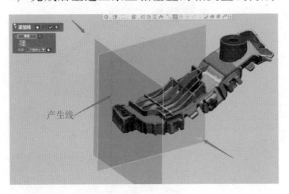

图 4-114　创建"线 1""线 2"和"线 3"

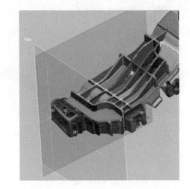

图 4-115　临时直角坐标系

7）单击【对齐】→【手动对齐】命令，弹出手动对齐对话框，利用前面产生的临时坐标系完成坐标对齐，如图 4-116 所示。

2. 前杠支架主体重构

（1）建立前杠支架主体结构　由"前面"偏移一个平行面，以此平行面为基准平面创建如图 4-117 所示的面片草图，标注完全定义的尺寸，然后两个方向进行实体拉伸，拉伸长度超过面片前后的宽度，结果如图 4-118 所示。

（2）提高前杠支架主体表面的重构精度　利用【曲面偏移】、【拔模】、【移动面】和【替换面】等命令提高前杠支架主体表面的重构精度，结果如图 4-119 所示。

3. 前杠支架侧面重构

（1）建立前杠支架侧面结构　在前杠支架侧面处创建曲面，以此作为【切割】命令的工具要素去切割实体前后侧面，如图 4-120 所示。

（2）提高前杠支架侧面的重构精度　再次利用【拔模】、【移动面】和【替换面】等命令提高前杠支架侧面的重构精度，结果如图 4-121 所示。

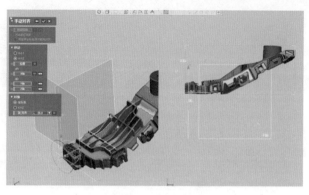

图 4-116　手动对齐

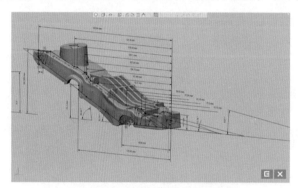

图 4-117　创建面片草图

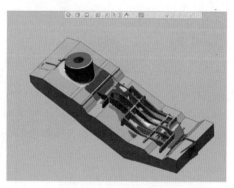

图 4-118　实体拉伸

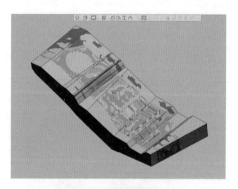

图 4-119　提高主体表面重构精度后的结果

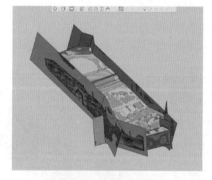

图 4-120　重构侧面

4. 建立螺栓连接孔凸台

利用面片草图拉伸出螺栓连接孔凸台，并通过布尔运算合并实体，结果如图 4-122 所示。

5. 生成壳体

利用【壳体】命令对不同的面根据实际情况选择不同厚度进行抽壳操作，如图 4-123 和图 4-124 所示。

6. 重要部位重构

对前杠支架的加强筋、挂扣和卡扣等部位进行重构，完成结果如图 4-125 所示，考虑到这部分尺寸较

图 4-121　提高侧面重构精度后的结果

多，绘制烦琐，也可在正向建模软件里进行。

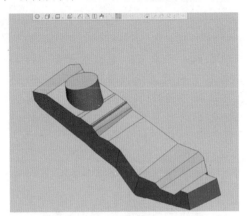

图 4-122 完成螺栓连接孔凸台

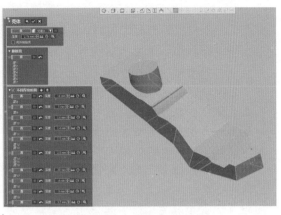

图 4-123 抽壳操作过程

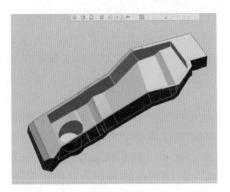

图 4-124 抽壳结果

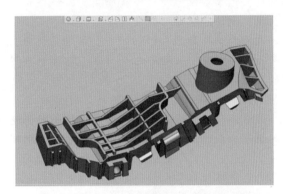

图 4-125 加强筋、挂扣和卡扣重构结果

7. 细节修理

最后进行圆角过渡等细节重构，完成结果如图 4-126 所示。

学习活动 6 任务评价

对学习者完成的任务采用 COMET 能力模型进行评价。评分者按照观测评分点给学习者的测评解决方案打分。具体评价见表 4-4。

图 4-126 前杠支架完成结果

表 4-4 基于 COMET 能力测评评价表

序号	评分项说明	完全不符合	基本不符合	基本符合	完全符合
1	前杠支架的数模重构思路是否清晰？				
2	前杠支架的数模重构过程是否简洁且精确？				
3	重要部位重构是否能满足功能性要求？				
4	重要部位重构精度是否能达到要求？				
5	数模重构后的模型是否可以用于创新设计？				
6	数模重构过程是否考虑到上游和下游的衔接并加以说明？				
7	数模重构后的模型是否注意到工作安全和事故防范方面的规定与准则？				
8	数模重构方案是否充分利用了扫描模型？				
9	数模重构方案在多大程度上考虑到环境友好的工作设计？				
10	数模重构方案是否包含特别的和有意思的想法？				

学习活动 7　人物风采

用生命报效祖国的近代力学奠基人——郭永怀

郭永怀，1909 年 4 月 4 日出生于山东省荣成市滕家镇一个农家，是郭文吉夫妇的第四个儿子。郭永怀自幼天资聪慧。20 岁那年，郭永怀考取了南开大学预科理工班。1931 年 7 月，郭永怀预科班毕业后直接转入本科学习。郭永怀选择了物理学专业，得到了当时国内知名教授顾静薇的赏识。两年后，顾静薇推荐郭永怀到北京大学光学专家饶毓泰教授门下继续深造。在参加了北京大学的入学考试后，郭永怀如愿以偿地进入北大物理系学习。在顾、饶二位导师的精心锤炼下，郭永怀打下了扎实的物理学专业基础。

1941 年，郭永怀赴当时国际上著名的空气动力学研究中心——美国加利福尼亚州立理工学院研究可压缩流体力学，和钱学森一起成为世界气体力学大师冯·卡门的弟子，于 1945 年完成了有关"跨声速流不连续解"的出色论文，获得了博士学位。1946 年秋，冯·卡门的大弟子威廉·西尔斯教授在美国康奈尔大学航空科学部的基础上创办了航空工程研究生院，邀请郭永怀前去任教。

在国外工作期间，郭永怀一直在等待机会，要用他的科学知识为祖国服务。抗美援朝战争结束后，在中国政府的努力下，终于出现了这种机会。这时，郭永怀毅然放弃了在国外的优越条件与待遇，于 1956 年 11 月回到了阔别 16 年的祖国，并立即投身于轰轰烈烈的社会主义建设事业。

郭永怀回国以后，就身体力行倡导高超声速流动、电磁流体力学和爆炸力学等新兴领域的研究。在郭永怀的倡议和积极指导下，中国第一个有关爆炸力学的科研计划迅速制定出台，从而引导力学走上了与核武器试验相结合的道路。同时，郭永怀还负责指导反潜核武器的水中爆炸力学和水洞力学等相关技术的研究工作。此外，在潜地导弹、地对空导弹、氢氧火箭发动机和反导弹系统的研究试验中，郭永怀也做出了巨大贡献。

1968 年 10 月 3 日，郭永怀又一次来到试验基地，指导中国第一颗导弹热核武器的发射以及从事试验前的准备工作。1968 年 12 月 4 日，在青海基地整整待了两个多月的郭永怀，在试验中发现了一个重要线索。他要急着赶回北京，就争分夺秒地要人抓紧联系飞机。他匆匆地从青海基地赶到兰州，在兰州换乘飞机的间隙里，他还认真地听取了课题组人员的情况汇报。当夜幕降临的时候，郭永怀拖着疲惫的身体登上了赶赴北京的飞机。5 日凌晨，飞机在首都机场徐徐降落。在离地面 400 多米的时候，飞机突然失去了平衡，坠毁在 1km 以外的玉米地里。当人们辨认出郭永怀的遗体时，他往常一直穿在身上的那件夹克服已烧焦了大半，和警卫员牟方东紧紧地拥抱在一起。当人们费力地将他俩分开时，才发现郭永怀的那只装有绝密资料的公文包安然无损地夹在他们胸前。

学习活动 8　拓展资源

1. 前杠支架外形的数模重构 PPT。
2. 前杠支架数模重构思路微课。
3. 前杠支架拔模相关知识微课。
4. 前杠支架坐标对齐微课。
5. 前杠支架拔模、移动面指令微课。
6. 前杠支架抽壳微课。
7. 前杠支架外形数模重构操作过程微课。
8. 课后练习。

4-3-1　前杠支架数模重构思路微课

4-3-2　前杠支架拔模相关知识微课

4-3-3　前杠支架坐标对齐微课

4-3-4　前杠支架拔模、移动面指令微课

4-3-5　前杠支架抽壳微课

4-3-6　前杠支架外形数模重构操作过程微课

项目五　三维数据化检测

任务一　Geomagic Control X 软件认知

学习活动 1　学习目标

技能目标：

（1）能够熟练使用 Geomagic Control X 软件的基本功能。

（2）能够熟练使用 Geomagic Control X 软件按照工作流程处理数据。

知识目标：

（1）掌握 Geomagic Control X 软件基本功能的相关知识。

（2）熟悉 Geomagic Control X 软件处理数据时的工作流程。

素养目标：

（1）培养追求极致、技能报国的工匠精神。

（2）培养吃苦耐劳、乐于钻研的工作作风。

（3）通过采用 COMET 能力模型对学习者提出要求，提升学习者的综合职业能力。

学习活动 2　任务描述

某公司设计部利用逆向设计进行产品开发时，已经通过三维扫描仪获取了被扫描物体的 3D 扫描数据，现打算利用这些数据对被扫描物体进行偏差分析，并且测量其几何尺寸和几何公差。请问：如何才能实现？

学习活动 3　任务分析

要实现上述被扫描物体的偏差分析、几何尺寸和形位公差测量，需使用 Geomagic Control X 软件按照工作流程对数据进行处理。

学习活动 4　必备知识

一、Geomagic Control X 软件界面功能

1. 快速访问工具栏

快速访问工具栏位于 Geomagic Control X 界面的左上角，包括【新建】、【打开】、【保

存】、【导入】、【输出】、【设置】、【撤销】和【恢复】命令，如图 5-1 所示。单击其中的【设置】命令，可以打开设置对话框，在一般选项卡的视图里面

图 5-1　快速访问工具栏

有鼠标操作方式，用户可以根据需要选择适合自己的方式，如图 5-2 所示。当用户设置好之后，单击工作界面右上角的三角标志，可以看到当前的鼠标选择方式，如图 5-3 所示。

2. 菜单

菜单位于快速访问工具栏的下面，其中包含了 Geomagic Control X 中的所有命令，如图 5-4 所示。

3. 选项卡

选项卡和菜单相邻，也位于快速访问工具栏的下面，其中放置着 Geomagic Control X 中的各种命令，且各个命令又被归类到工具栏的各个组中，如图 5-5 所示。

图 5-2　设置对话框

图 5-3　鼠标选择方式

图 5-4　菜单

图 5-5　选项卡

4. 模型管理器窗口

模型管理器窗口位于 Geomagic Control X 界面的左部，其中包括输入数据和结果数据等，如图 5-6 所示。在模型树里右键选择不同的数据对象，会有不同的快捷菜单，数据对象前面带小三角则表示在这个对象里面还有可以展开的嵌套对象。

注意：若模型管理器窗口不小心关闭了，可在界面右下角空白处单击鼠标右键，打开如图 5-7 所示的快捷菜单，选择再次显示即可。

5. 图形区域

当在 Geomagic Control X 中打开一个文件时，模型会显示在图形区域中，图形区域顶部有一个工具栏，其中包括模型显示形式、视图方向和各种选择命令等，如图 5-8 所示。

6. 状态栏

状态栏位于 Geomagic Control X 界面的底部，其中包括控制各种数据对象可见性的开关、数据对象的各种选择方式和测量工具等，如图 5-9 所示。

图 5-6 模型管理器窗口

图 5-7 显示快捷菜单

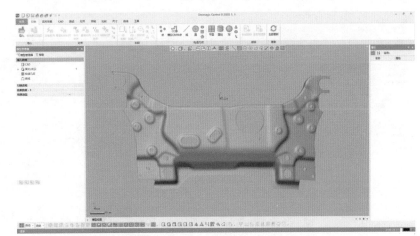

图 5-8 图形区域

图 5-9 状态栏

二、Geomagic Control X 软件工作流程

Geomagic Control X 数据分析与检测的具体流程，主要分成以下六个步骤，工作流程如图 5-10 所示。

1. 加载数据

◆ 输入 STL 数据作为测试数据。

◆ 输入 CAD 数据作为参考数据。

2. 对齐测试数据和参考数据

◆ 使用的对齐方法：最佳拟合对齐、3-2-1 对齐、基准对齐、RPS 对齐等。

3. 对测试数据和参考数据进行 3D 比较

◆ 生成一个表示测试数据和参考数据之间形状偏差的色谱图。

◆ 在模型上创建 3D 注释。

4. 对测试数据和参考数据进行 2D 比较

◆ 在 2D 截面轮廓上比较测试数据和参考数据之间的偏差。

◆ 在模型上创建 2D 注释。

5. 创建几何尺寸和几何公差 GD&T 标注

◆ 在 3D 视图上创建 GD&T 标注。

◆ 在 2D 视图上创建 GD&T 标注。

6. 生成检测报告

◆ 选择输出格式 PDF、PowerPoint 和 Excel。

◆ 使用报告设计工具生成检测报告。

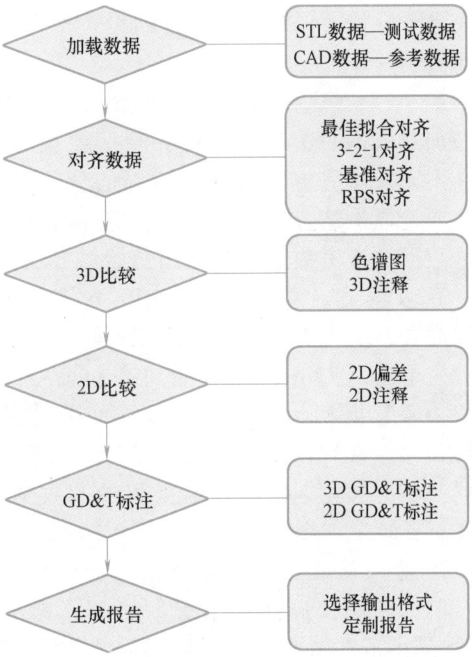

流程图：

加载数据 → STL数据—测试数据 / CAD数据—参考数据

对齐数据 → 最佳拟合对齐 / 3-2-1对齐 / 基准对齐 / RPS对齐

3D比较 → 色谱图 / 3D注释

2D比较 → 2D偏差 / 2D注释

GD&T标注 → 3D GD&T标注 / 2D GD&T标注

生成报告 → 选择输出格式 / 定制报告

图 5-10 工作流程

学习活动 5 任务实施

1. 加载数据

单击【初始】→【导入】命令，将 STL 数据和 CAD 数据导入，结果如图 5-11 所示。从模

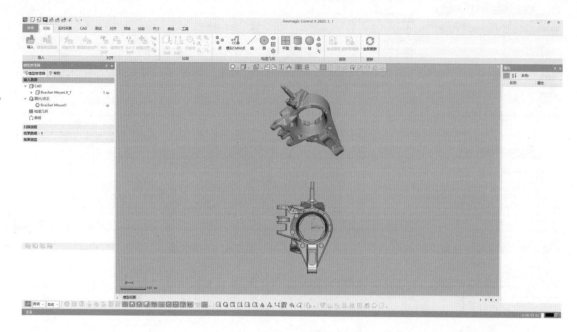

图 5-11　导入数据

型管理器的结果数据可以看到，CAD 数据被自动设置成参考数据，STL 数据被自动设置成测试数据，如图 5-12 所示。

2. 对齐测试数据和参考数据

加载数据后，有必要对齐测试数据和参考数据。选择不同的对齐方法将会对后面的分析结果有影响，因此要选择最适合的对齐方式。有多种对齐方式能将测试数据和参考数据对齐，如初始对齐、最佳拟合对齐、3-2-1 对齐、基准对齐和 RPS 对齐等，一旦两个模型对齐，就可进入下一步的分析阶段。

先单击【对齐】→【初始对齐】命令，将测试数据和参考数据初始对齐，然后再单击【最佳拟合对齐】命令，在弹出的最佳拟合对齐对话框中采用默认参数并单击确定，将测试数据和参考数据精确对齐，最终对齐结果如图 5-13 所示。

图 5-12　结果数据

3. 对测试数据和参考数据进行 3D 比较

单击【比较】→【3D 比较】命令，弹出 3D 比较对话框，单击下一阶段➡️按钮，这里设置最大/最小范围值为±0.5，极限偏差值为±0.03，然后在需要关注的部位左键单击一下，就会创建如图 5-14 所示的色谱图和注释。

4. 对测试数据和参考数据进行 2D 比较

单击【比较】→【2D 比较】命令，弹出 2D 比较对话框，基准平面选择 Z，偏移距离值设置为 35mm（注意偏移方向），2D 截面上不同颜色的偏差显示如图 5-15 所示。单击下一阶段按钮，最大/最小范围和偏差设置同上，左键单击哪个位置，就可以随时标注哪个位置的偏差值，注释结果如图 5-16 所示。

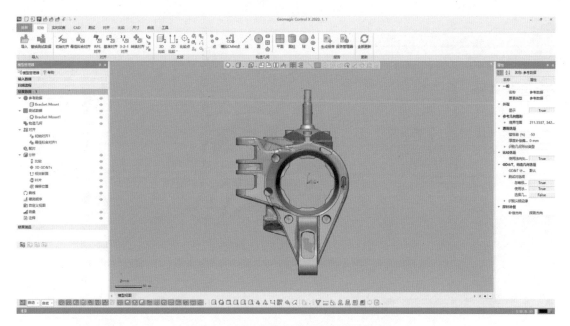

图 5-13　测试数据和参考数据对齐结果

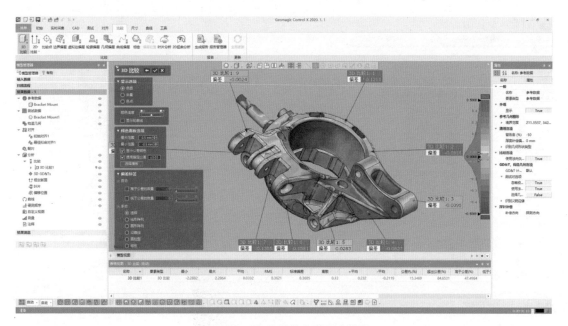

图 5-14　3D 比较的色谱图和注释

5. 创建几何尺寸和几何公差 GD&T 标注

首先进行 3D 几何尺寸标注，单击【尺寸】→【3D GD&T】命令，再单击【添加组】命令，创建"Group1"组。单击【长度尺寸】和【半径尺寸】命令，在实体上直接选择需要标注距离的对象，然后把注释放置在合适的位置即可，如图 5-17 所示。

接着进行几何公差标注，单击【添加组】命令，创建"Group2"组。单击【基准】命令设置基准后，便可根据需要使用【平面度】和【垂直度】等几何公差命令，选择合适的对象创建几何公差标注，如图 5-18 所示。

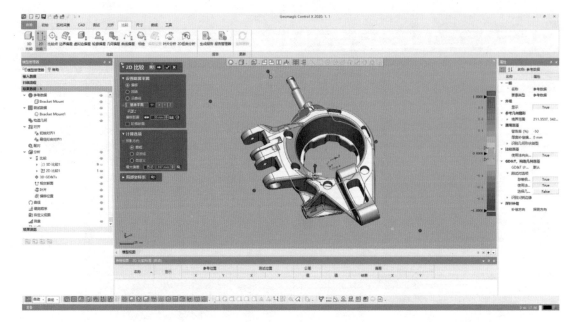

图 5-15　2D 比较的偏差

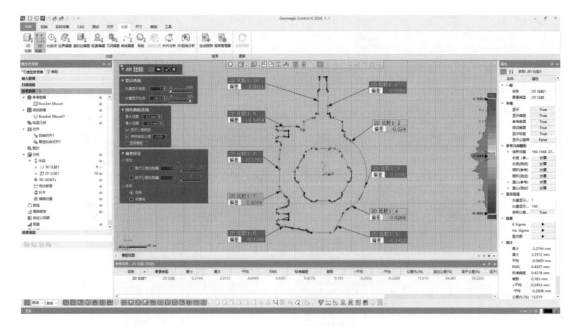

图 5-16　2D 比较的注释

　　然后进行 2D GD&T 标注，单击【尺寸】→【2D GD&T】命令，再单击【添加截面】命令，弹出相交断面对话框，选择偏移方法，基准平面选择 Z，设置合适的偏移距离（注意偏移方向），如图 5-19 所示。单击确定关闭相交断面对话框，进入 2D 断面视图模式，使用各种几何尺寸标注命令，直接选择需要标注的对象，即可完成该截面上的 2D 几何尺寸标注，如图 5-20 所示。同样的方法可以完成其他 2D 截面上的几何尺寸标注。

　　6. 生成检测报告

　　Geomagic Control X 允许用户输出检测信息内容至某格式，以供更多人获取并利用此检测信息。在对齐模型并执行想要的分析后，单击【初始】→【生成报告】命令，可创建检测报告，报告支持的格式有：PDF、PowerPoint 和 Excel。另外，我们也可根据需要对检测报告进行定制。

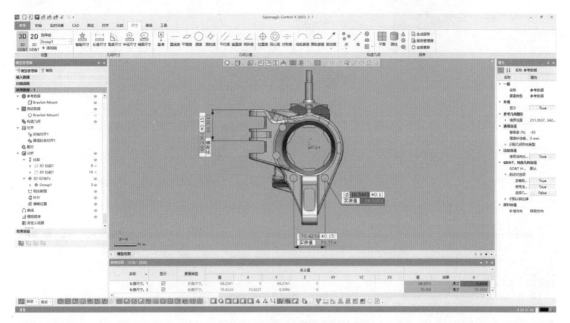

图 5-17　创建 3D 几何尺寸标注

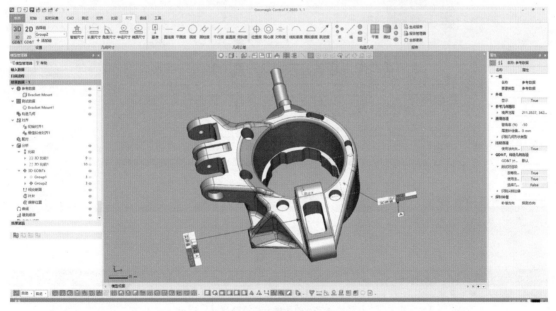

图 5-18　创建几何公差标注

学习活动 6　任务评价

对学习者完成的任务采用 COMET 能力模型进行评价。评分者按照观测评分点给学习者的测评解决方案打分。具体评价见表 5-1。

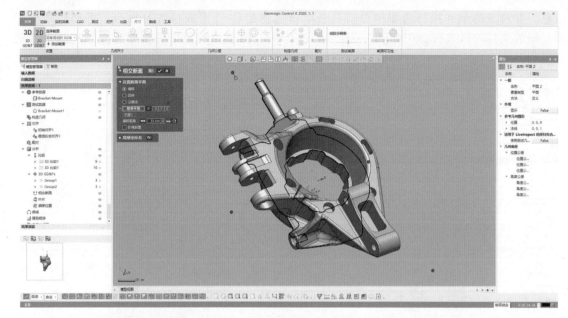

图 5-19　创建 2D 截面

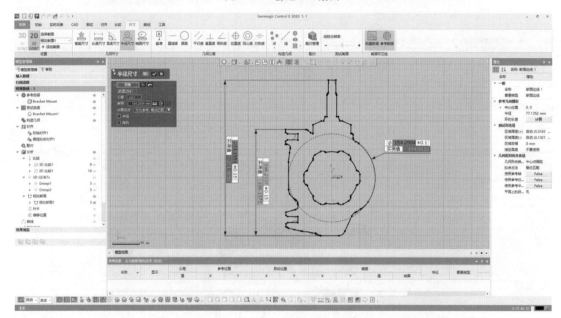

图 5-20　创建 2D 几何尺寸标注

表 5-1　基于 COMET 能力测评评价表

序号	评分项说明	完全不符合	基本不符合	基本符合	完全符合
1	是否直观形象地说明了任务的解决方案(如:用图、表)?				
2	解决方案的层次结构是否分明? 描述解决方案的条理是否清晰?				
3	解决方案是否与专业规范或技术标准相符合(从理论、实践、制图、数学和语言等)?				
4	解决方案是否满足功能性要求?				
5	解决方案是否达到"技术先进水平"?				
6	解决方案是否可以实施?				
7	表述的解决方案是否正确?				

（续）

序号	评分项说明	完全不符合	基本不符合	基本符合	完全符合
8	解决方案的实施成本是否较低？				
9	是否考虑到实施方案的过程（工作过程）的效率？				
10	是否形成一个既有新意同时又有意义的解决方案？				

学习活动 7　人物风采

工人院士、高铁焊接大师——李万君

转向架是轨道客车的走行部分，直接影响车辆的运行速度、稳定性和安全性。转向架制造技术，被列为高速动车组的九大核心技术之一。2007年，长客股份公司先后引进法国速度250km/h的高速动车组技术等国外技术成果。但一些核心技术仍受制于人。如何形成完全具有自主知识产权的高铁技术，彻底打破外国技术壁垒，是摆在集团公司面前的一个重要难题。

以李万君为代表的焊接技术工人不等不靠，硬是凭着一股子不服输的钻劲儿、韧劲儿，积极参与填补国内空白的几十种高速车、铁路客车、城铁车转向架焊接规范及操作方法，先后进行技术攻关100余项，其中21项获得国家专利。

在试制生产法国250km/h的动车组时，对承载重达50t车体重量的接触环口的焊接成型要求极高。接触环口成为决定动车组列车能否实现速度等级提升的核心部件，也成为制约转向架生产的瓶颈。李万君在模型上反复演练、潜心研究，摸索出的"环口焊接七步操作法"，成形好、质量高，成功突破了批量生产的难题。这项令法国专家十分惊讶的"绝活"，现已成为公司技术标准。在李万君看来，无论外国怎么进行技术封锁，都要想尽一切办法去革新和突破，这是中国高铁产业工人义不容辞的责任和担当。

2008年，长客股份公司从德国西门子公司引进了速度达350km/h的高速动车组技术，但由于外方也没有如此高速的运营先例，转向架制造成了双方共同攻关的课题。李万君作为中方课题攻关的首席技师，带领中方团队打响了"技术突围"的攻坚战，在一次又一次地试验、一遍又一遍地总结经验的基础上，取得了一批重要的核心试制数据。专家组以这些数据为重要参考，编制了《超高速转向架焊接规范》，在指导批量生产中解决了大量难题。

他坚持立足岗位，勤学苦练，不懈创新，勇攀焊接技术新高峰，掌握了一整套过硬的焊接本领，同时拥有碳钢、不锈钢焊接等六项国际焊工资格证书和国际焊接技师证书。手工电弧焊、CO_2气体保护焊及MAG焊、TIG焊等多种焊接方法，平、立、横、仰和管子等各种焊接形状和位置，他也样样精通。

作为中国第一代高铁工人，李万君自觉践行"产业报国、勇于创新，为中国梦提速"的精神，完成好每一辆车的生产，打造中国高铁金名片。

学习活动 8　拓展资源

1. Geomagic Control X 软件认知 PPT。
2. Geomagic Control X 软件认知 1 微课。
3. Geomagic Control X 软件认知 2 微课。
4. 课后练习。

5-1-1　Geomagic Control X软件认知1微课

5-1-2　Geomagic Control X软件认知2微课

任务二　板类零件 Geomagic Control X 数据分析与检测

学习活动1　学习目标

技能目标：

（1）能够使用 Geomagic Control X 软件进行数据对齐。

（2）能够使用 Geomagic Control X 软件进行数据分析和检测。

（3）能够使用 Geomagic Control X 软件创建检测报告。

知识目标：

（1）掌握 Geomagic Control X 软件数据对齐的方法。

（2）掌握 Geomagic Control X 软件数据分析与检测的方法。

（3）掌握 Geomagic Control X 软件创建检测报告的方法。

素养目标：

（1）培养巧夺天工、追求极致的工匠精神。

（2）培养脚踏实地、严谨细致的工作作风。

（3）通过采用 COMET 能力模型对学习者提出要求，提升学习者的综合职业能力。

学习活动2　任务描述

　　板类零件形状与尺寸如图 5-21 所示，要求根据已给定的该零件三维扫描数据 STL 文件，完成以下内容：以图样上 A 基准、B 基准和 C 基准作为对齐基准，完成 3D 扫描数据与 CAD 数据对齐；完成 3D 比较和 2D 比较并分别创建注释，要求色谱图最大/最小范围为 ±0.2mm，极限偏差值为 ±0.03mm；完成 3D 几何尺寸标注和 2D 几何尺寸标注；完成图样中平面度、垂直度、倾斜度、位置度和面轮廓度等几何公差的标注；所有分析结果都体现在检测报告（PDF 表）中。

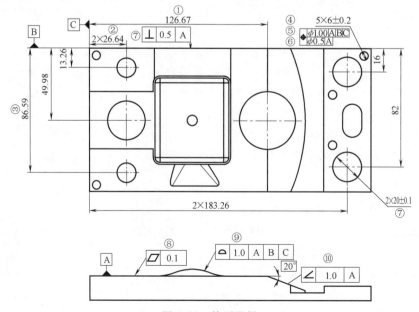

图 5-21　检测图样

学习活动3　任务分析

要实现上述板类零件的数据分析与检测，需使用 Geomagic Control X 软件，首先将 3D 扫描数据与 CAD 数据对齐，然后进行数据分析与检测，包括 3D 比较、2D 比较、注释创建、3D 几何尺寸标注、2D 几何尺寸标注和形位公差标注，最后再创建检测报告。

学习活动4　必备知识

一、数据对齐

Geomagic Control X 软件允许任何几何形状与 CAD 模型快速对齐，主要对齐方式有如下几种：

1. 初始对齐

初始对齐是一种比较简单的对齐方式，它可以根据模型的几何特征自动对齐测试数据和参考数据，如图 5-22 所示。一般情况下，初始对齐是作为预对齐使用的，其后要执行更加精确的对齐命令。

2. 最佳拟合对齐

最佳拟合对齐根据测试数据和参考数据之间的重叠区域将它们对齐。在使用初始对齐将测试数据和参考数据预对齐之后，可以采用最佳拟合对齐进行更加精确的对齐，它能使测试数据和参考数据之间的总体偏差最小，如图 5-23 所示。

图 5-22　初始对齐实例　　　　　　　　图 5-23　最佳拟合对齐实例

3. 3-2-1 对齐

3-2-1 对齐是使用几何特征并锁定所有 6 个自由度来对齐测试数据和参考数据，它使用 3 个点定义主平面，2 个点定义垂直于主平面的次平面，1 个点定义垂直于主平面和次平面的最后一个平面，如图 5-24 所示。

4. 基准对齐

基准对齐是首先在测试数据和参考数据上分别创建基准特征，然后通过匹配两者的基准特征来对齐测试数据和参考数据，如图 5-25 所示。

图 5-24　3-2-1 对齐实例　　　　　　　　图 5-25　基准对齐实例

5. RPS 对齐

RPS 对齐是通过匹配特定的点对齐测试数据和参考数据，这些特定的点包括圆心、腰形孔中心和球心等，如图 5-26 所示。

二、数据分析与检测

1. 3D 比较

3D 比较是计算测试数据和参考数据之间的形状偏差，并用一个色谱图形象地表达出来，如图 5-27 所示。同时也可在模型上创建注释，即在模型上直接选择所需的点，将偏差显示在标签中，并按给定的公差范围将偏差合格或不合格用不同颜色来显示，如图 5-28 所示。

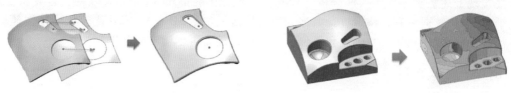

图 5-26　RPS 对齐实例　　　　　　　　　图 5-27　3D 比较实例

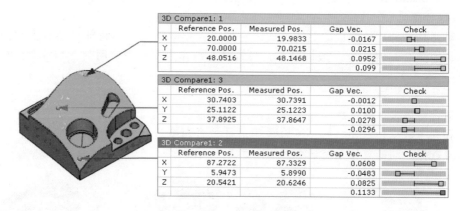

图 5-28　3D 注释实例

2. 2D 比较

2D 比较是根据需要在模型上创建 2D 截面，然后在 2D 截面轮廓上比较测试数据和参考数据之间的偏差，类似于 3D 比较，它也可在模型上创建注释，如图 5-29 所示。

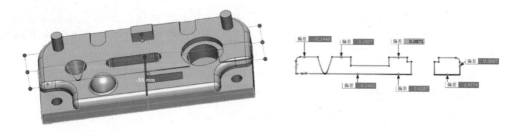

图 5-29　2D 比较实例

3. 几何尺寸和公差

几何尺寸和公差（GD&T）可以分析二维或三维空间中特征的尺寸、形状、方向和位置，并且能够在用户定义的公差范围内评估特征合格或不合格。特征的尺寸可以通过几何尺寸（如线性尺寸、角度尺寸或径向尺寸）来分析，特征的形状、方向和位置可以通过几何公差（如平面度、圆度、圆柱度和平行度）来分析。我们可以根据需要分别在 3D 或 2D 视图上创建 GD&T 标注。

三、创建检测报告

在对齐模型并进行需要的各种数据分析和检测后，可以使用 Geomagic Control X 软件中的生成报告功能来自动生成详细的检测报告，报告中包括检测数据、多重视图、注释等结果。自动生成检测报告的格式有：PDF、PowerPoint 和 Excel，可根据需要进行选择。

　　Geomagic Control X 软件还允许用户使用报告设计工具对检测报告进行定制,比如可以选择或者排除某些视图、表格和专栏,可以为指定的内容设置字体类型和大小,甚至创建定制化的报告模板等。

学习活动5　任务实施

　　1)双击 Geomagic Control X 图标打开软件,软件界面如图 5-30 所示,用户可以根据需求选择合适的配置文件。

图 5-30　软件界面

　　2)单击【初始】→【导入】命令,在弹出的导入对话框中选择 STL 数据和 CAD 数据,单击仅导入,如图 5-31 所示,或者将两者手动拖进软件里面。数据导入后的界面如图 5-32 所示。

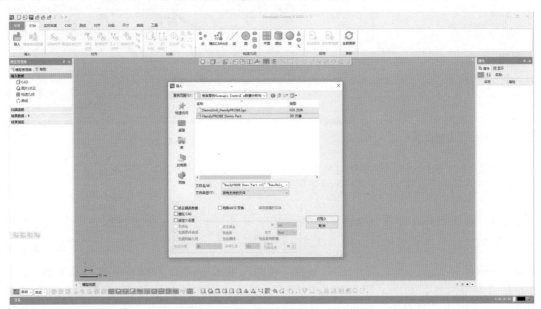

图 5-31　数据导入

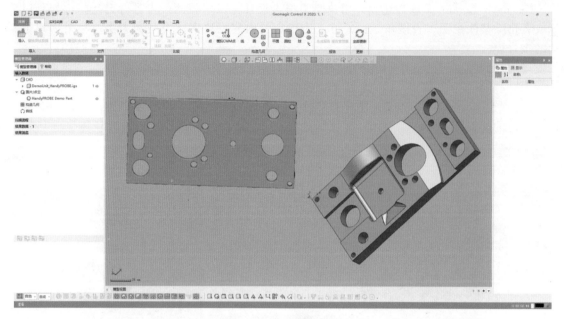

图 5-32 导入数据界面

3）单击模型管理器的结果数据，可以看到 CAD 对象被自动设置成参考数据，STL 对象被自动设置成测试数据，如图 5-33 所示。

4）单击【对齐】→【初始对齐】命令，在弹出的初始对齐对话框中单击确定，初始对齐结果如图 5-34 所示。

图 5-33 设置数据

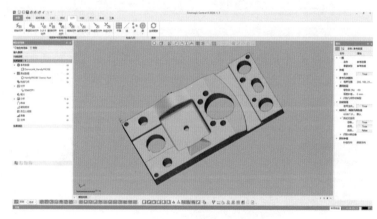

图 5-34 初始对齐

5）单击【对齐】→【最佳拟合对齐】命令，在弹出的最佳拟合对齐对话框中采用默认参数并单击确定，最终精确对齐结果如图 5-35 所示。

注意：考虑到题目要求，后面需要使用基准对齐，所以这里的最佳拟合对齐也可以不执行，在实际应用中根据情况合理选择其一即可。

6）根据图样要求，要以图样上 A 基准、B 基准和 C 基准作为对齐基准进行对齐。单击【对齐】→【基准对齐】命令，弹出基准对齐对话框，分别选择如图 5-36 所示的 3 个基准对，其中基准对 1 对应于基准 A，基准对 2 对应于基准 B，基准对 3 对应于基准 C，单击确定关闭

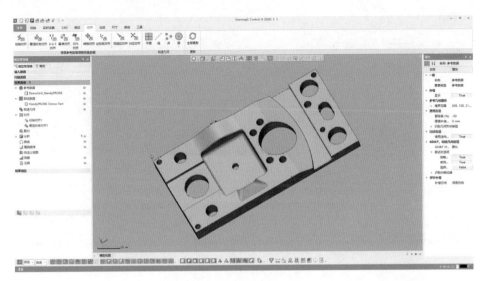

图 5-35　最佳拟合对齐

基准对齐对话框，对齐结果如图 5-37 所示。

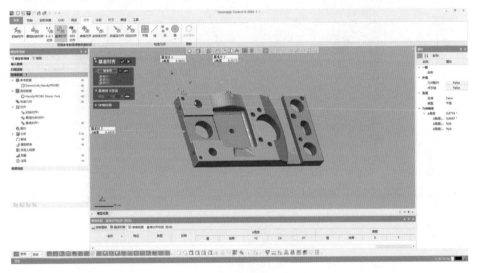

图 5-36　基准对齐

7）数据对齐好以后，将对齐隐藏，开始进行各种数据检测分析。单击【比较】→【3D 比较】命令，弹出 3D 比较对话框，单击下一阶段按钮，根据要求设置最大/最小范围值为 ±0.2mm，极限偏差值为 ±0.03mm，如图 5-38 所示。然后在需要关注的部位左键单击一下，就会创建如图 5-39 所示的注释。可以看到，3D 比较标签的标题栏有绿色、黄色和红色三种，绿色和黄色表示偏差在公差以内，红色表示偏差超过公差，如果想让黄色也显示为绿色，可以把右侧属性对话框里的警告率参数值由默认的-50 改为 0。最后单击确定关闭 3D 比较对话框，结果如图 5-40 所示。

这里注意，右键单击注释标签在弹出的快捷菜单中选择编辑注释样式，在弹出的注释样式管理器对话框中可将 3D 比较标签由默认的 Basic 改为 Default，也可进一步单击【编辑预置】按钮，在弹出的编辑注释预置对话框中改变 3D 比较标签的字体、颜色等属性，如图 5-41 所示。

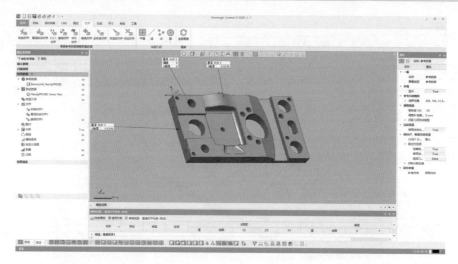

图 5-37 基准对齐结果

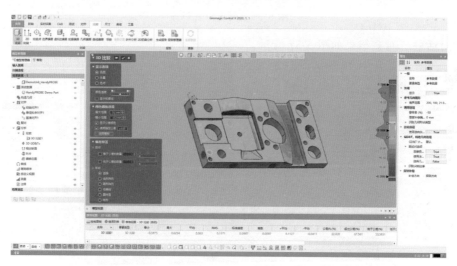

图 5-38 3D 比较

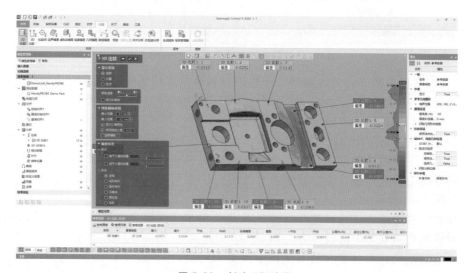

图 5-39 创建 3D 注释

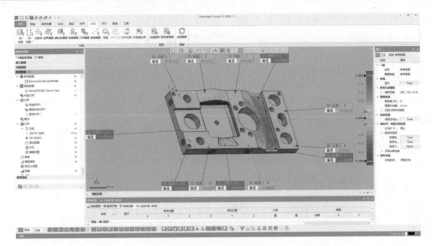

图 5-40 3D 注释结果

图 5-41 3D 比较标签设置

另外，3D 比较的注释创建还有三个要求：①标注的一定是当前视角可以看到的点；②标签不能交叉；③整齐美观。若不能同时满足上述条件，比如数据较多，在当前视角不能全部看到，可用【添加组】命令新增分组，保证每个数据都能看到。

8）将 3D 比较隐藏，单击【比较】→【2D 比较】命令，弹出 2D 比较对话框，基准平面选择 Z，偏移距离值设置为 7（注意偏移方向），如图 5-42 所示。单击下一阶段按钮，最大/最

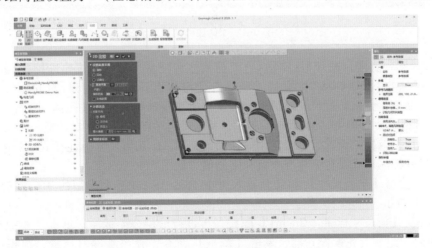

图 5-42 2D 比较

小范围和偏差设置同上，左键单击哪个位置，就可以随时标注哪个位置的偏差值，如图 5-43 所示，最后单击确定关闭 2D 比较对话框，结果如图 5-44 所示。

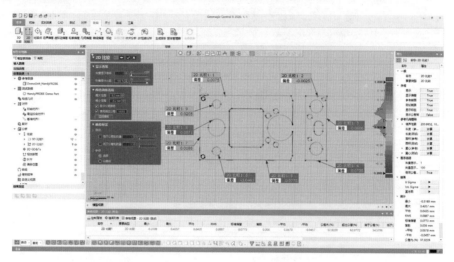

图 5-43　创建 2D 注释

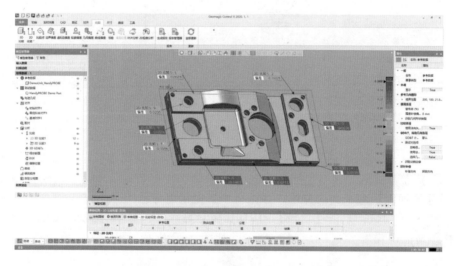

图 5-44　2D 注释结果

9）将 2D 比较隐藏，进行 3D GD&T（几何尺寸和公差）标注。首先进行 3D 几何尺寸标注，单击【尺寸】→【3D GD&T】命令，再单击【添加组】命令，创建 "Group1" 组。单击【长度尺寸】命令，弹出长度尺寸对话框，在实体上直接选择需要标注距离的两个面，然后把注释放置在合适的位置即可，如图 5-45 所示，单击确定关闭长度尺寸对话框。

类似于 3D 比较标签设置，也可以用同样的方法对 3D 几何尺寸标注样式进行修改，这里将 3D 几何尺寸标注样式设置为标准介绍和实测值，如图 5-46 所示。

10）继续使用【半径尺寸】和【角度尺寸】命令，完成整个模型的 3D 几何尺寸标注，结果如图 5-47 所示。

11）将 3D 几何尺寸标注 "Group1" 隐藏，再进行形位公差标注。单击【添加组】命令，创建 "Group2" 组。首先设置基准，单击【基准】命令，弹出基准对话框，根据图样要求，在实体上选择面并分别设置为基准 A、B 和 C，如图 5-48 所示，单击确定关闭基准对话框。

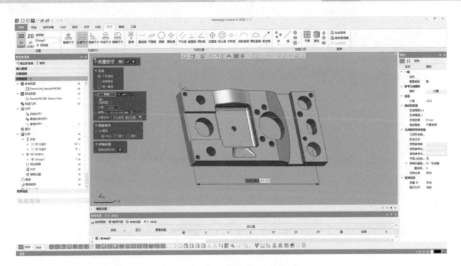

图 5-45 3D 长度尺寸标注

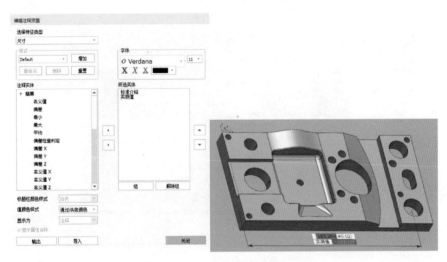

图 5-46 3D 几何尺寸标注样式设置

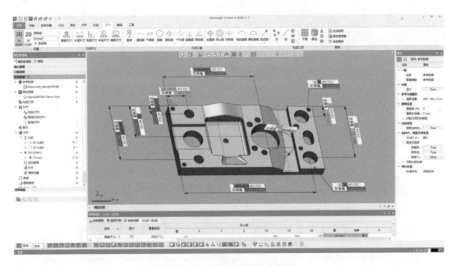

图 5-47 3D 几何尺寸标注

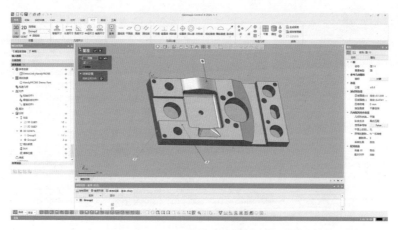

图 5-48　设置基准

12）单击【平面度】命令，弹出平面度对话框，选择 A 面标注平面度，公差值设置为 0.1mm，如图 5-49 所示，单击确定关闭平面度对话框。

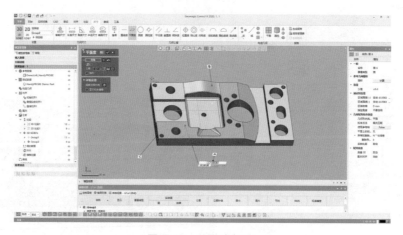

图 5-49　平面度标注

13）单击【垂直度】命令，弹出垂直度对话框，选择 B 面标注垂直度，公差值设置为 0.5mm，基准选择 A，如图 5-50 所示，单击确定关闭垂直度对话框。

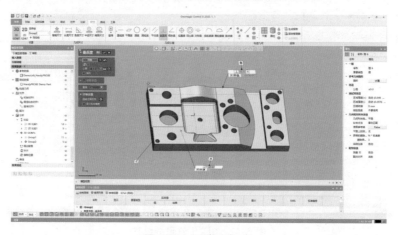

图 5-50　垂直度标注

14）单击【位置度】命令，弹出位置度对话框，选择右上角小孔标注位置度，公差值设置为 1mm，基准选择 A、B 和 C，如图 5-51 所示，单击确定关闭位置度对话框。

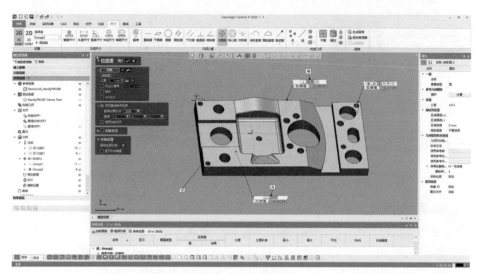

图 5-51　位置度标注

15）继续使用【倾斜度】和【面轮廓度】命令，完成整个模型的几何公差标注，结果如图 5-52 所示。

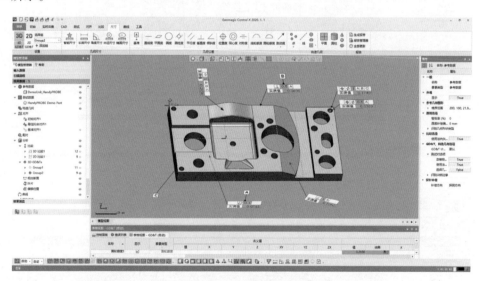

图 5-52　几何公差标注

16）将 3D 几何尺寸和几何公差标注都隐藏，进行 2D GD&T 标注。根据图样要求，先标注一个 2D 截面的几何尺寸。单击【尺寸】→【2D GD&T】命令，再单击【添加截面】命令，弹出相交断面对话框，选择偏移方法，基准平面选择 Z，偏移距离值设置为 7mm（注意偏移方向），如图 5-53 所示，单击确定关闭相交断面对话框，进入 2D 断面视图模式，如图 5-54 所示。

17）使用【长度尺寸】和【半径尺寸】命令，在实体上直接选择需要标注的对象，完成该截面上的 2D 几何尺寸标注，如图 5-55 所示。单击 2D 断面视图右下角的保存并退出命令，退出 2D 断面视图模式，结果如图 5-56 所示。

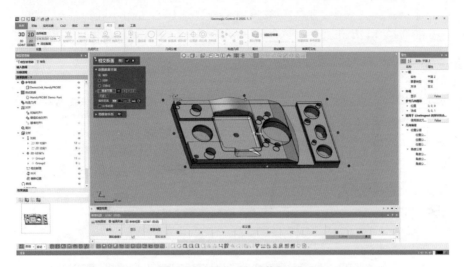

图 5-53　添加 2D "截面 1"

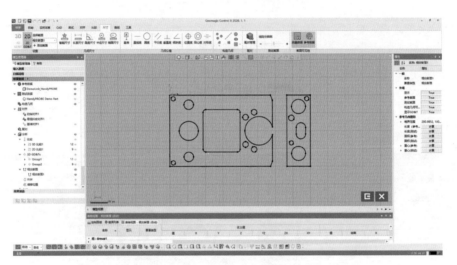

图 5-54　2D 断面视图模式

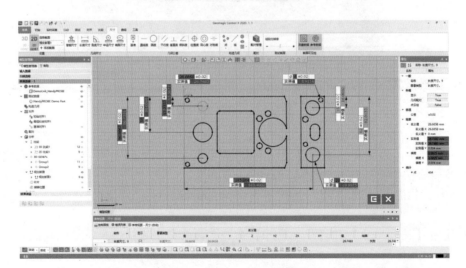

图 5-55　2D 几何尺寸标注 1

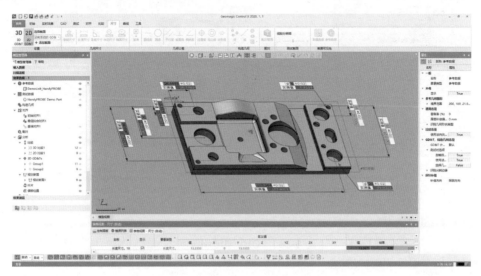

图 5-56　2D 几何尺寸标注结果 1

18）根据图样要求，再标注另外一个 2D 截面的几何尺寸。隐藏之前的 2D 截面几何尺寸标注，单击【2D GD&T】命令，再单击【添加截面】命令，弹出相交断面对话框，选择偏移方法，基准平面选择 Y，偏移距离值设置为 86.59mm（注意偏移方向），如图 5-57 所示，单击确定关闭相交断面对话框，进入 2D 断面视图模式。

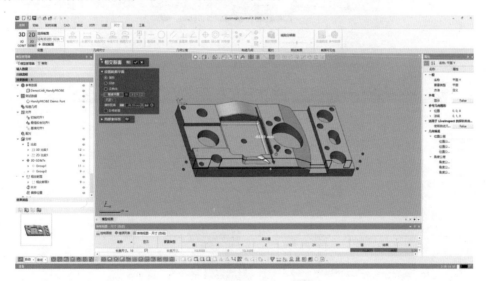

图 5-57　添加 2D "截面 2"

19）在 2D 断面视图模式中，使用【长度尺寸】和【角度尺寸】命令，在实体上直接选择需要标注的对象，完成该截面上的 2D 几何尺寸标注，如图 5-58 所示。单击 2D 断面视图右下角的保存并退出命令，退出 2D 断面视图模式，结果如图 5-59 所示。

20）单击【初始】→【生成报告】命令，弹出报告创建对话框，如图 5-60 所示，根据需要设置报告中出现的项目后，单击【生成】按钮，即可生成报告，如图 5-61 所示，可根据需要对报告内容进行编辑修改。最后选择图 5-61 中【默认】选项卡下面的报告格式：PDF、PowerPoint 和 Excel，可以选择 PDF 格式将报告保存下来。

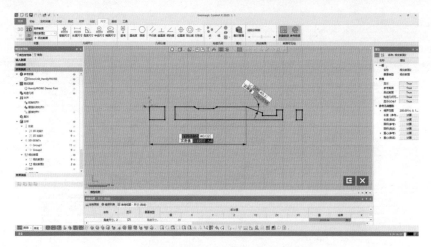

图 5-58　2D 几何尺寸标注 2

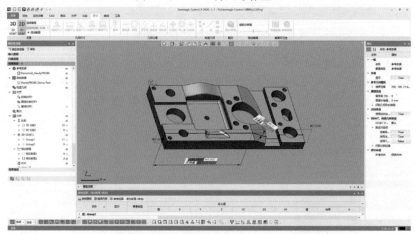

图 5-59　2D 几何尺寸标注结果 2

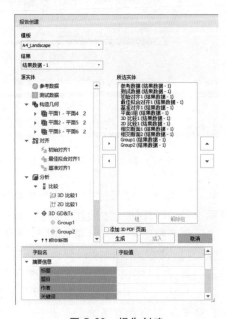

图 5-60　报告创建

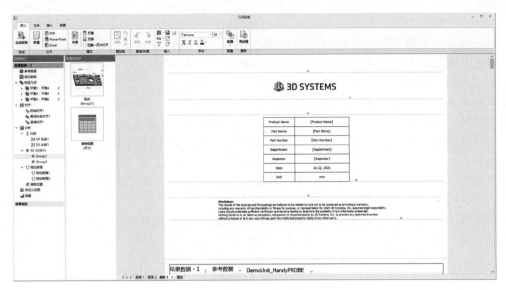

图 5-61　生成报告

学习活动 6　任务评价

对学习者完成的任务采用 COMET 能力模型进行评价。评分者按照观测评分点给学习者的测评解决方案打分。具体评价见表 5-2。

表 5-2　基于 COMET 能力测评评价表

序号	评分项说明	完全不符合	基本不符合	基本符合	完全符合
1	是否直观形象地说明了任务的解决方案(如:用图、表)?				
2	解决方案的层次结构是否分明? 描述解决方案的条理是否清晰?				
3	解决方案是否与专业规范或技术标准相符合(从理论、实践、制图、数学和语言等)?				
4	解决方案是否满足功能性要求?				
5	解决方案是否达到"技术先进水平"?				
6	解决方案是否可以实施?				
7	表述的解决方案是否正确?				
8	解决方案的实施成本是否较低?				
9	是否考虑到实施方案的过程(工作过程)的效率?				
10	是否形成一个既有新意同时又有意义的解决方案?				

学习活动 7　人物风采

平凡铸就伟大,高铁首席研磨师——宁允展

宁允展,男,1972 年 3 月出生,中共党员,南车青岛四方机车车辆股份有限公司车辆钳工高级技师,中国南车技能专家,被誉为高铁首席研磨师。

从 1991 年进入公司以来,他扎根一线 24 年,立足本职岗位,刻苦钻研、爱岗敬业,用自己精湛的操作技能和高度的责任心,攻克了动车组转向架多道制造难题。他所制造的产品创造了十余年无次品的纪录,为高铁列车的顺利生产做出了突出贡献。

　　宁允展作为车间里高铁研磨的第一把手，当上了研磨班的班长。但几年后，他主动找到领导说不当这班长了，要在一线一心一意搞技术。宁允展说，我不是完人，但我的产品一定是完美的。要做到这一点，需要一辈子踏踏实实做手艺。为了练手艺，他甚至自己购置了家用车床和电焊机等操作设备，将家中院子改造成工厂，以方便把想法变成实物。通过刻苦钻研、不断创新，宁允展练就了很强的工装夹具设计制作能力。

　　多年来他发明制作了多套工装夹具，多项技术革新获得公司表彰。制作动车组、地铁排风消声器，提升构架加工内腔切屑一次性清除率，获公司 QC 攻关课题一等奖；制作动车攻螺纹引头工装和地铁差压阀组焊工装，获公司级技术革新二等奖；制作制动夹钳开口销开劈工具和动车组刻打样冲组合工装与划线找正工装，获公司技术革新三等奖……其中两项获得国家专利。这些发明在生产中发挥了极大效用，成了许多班组离不开的好帮手，每年能为公司节约创效近 100 万元。宁允展坚守生产一线 24 年，他说，工匠就是凭实力干活，实事求是，想方设法把手里的活干好，这是本分，他会把这份手艺继续干下去，干到自己干不动为止。

学习活动 8　拓展资源

1. 板类零件 Geomagic Control X 数据分析与检测 PPT。
2. 对齐、3D 比较和 2D 比较微课。
3. 2D 几何尺寸标注和创建报告微课。
4. 3D 几何尺寸标注和几何公差标注微课。
5. 板类零件 Geomagic Control X 数据分析与检测微课。
6. 板类零件 CAD 数模。
7. 板类零件 STL 数据。
8. 板类零件图。
9. 课后练习。

5-2-1　对齐、3D
比较和 2D
比较微课

5-2-2　2D 几何
尺寸标注和创
建报告微课

5-2-3　3D 几何
尺寸标注和几何
公差标注微课

5-2-4　板类零件
Geomagic Control X
数据分析与检测微课

项目六　产品创新设计

学习活动 1　学习目标

技能目标：

（1）能够熟练使用 NX 软件的基本功能。

（2）能够熟练使用 NX 软件进行产品设计和创新。

知识目标：

（1）理解创新设计的基础理念和工作内容。

（2）掌握使用 NX 软件进行产品设计和创新的方法。

素养目标：

（1）培养追求极致、勇于创新的工匠精神。

（2）培养刻苦训练、不断进取的工作作风。

（3）通过采用 COMET 能力模型对学习者提出要求，提升学习者的综合职业能力。

学习活动 2　任务描述

某客户提供了产品外观造型的设计需求和手工草图，要求进一步完成 3D 外观造型设计。请问：如何完成产品外观造型设计，以满足客户对外观造型的要求？

学习活动 3　任务分析

想完成令客户满意的外观造型设计，首先需要熟悉设计软件的使用，这里我们采用 NX 作为设计软件来实现对外观造型的设计。所以熟悉 NX 软件的基本功能，了解其工作流程就非常有必要。

学习活动 4　必备知识

一、NX 软件界面功能

1．NX 界面

在缺省环境下打开 NX 软件，系统将显示基本的用户界面，如图 6-1 所示。

图 6-1   NX 启动界面

单击【新建】命令,打开新建对话框,如图 6-2 所示。在模型选项卡中可以创建不同类型的产品零件,比较典型的有零件、装配、图样、钣金和管路等类型,另外还有数控编程、有限元分析、机电概念设计和生产线设计等其他学科。

针对外观造型设计,选择新建对话框中的模型或外观造型设计类型即可。如果选择外观造型设计类型,将直接进入工业设计造型模块的界面;如果选择模型类型,还需要单击【应用模块】→【外观造型】命令,进入到工业设计造型模块的界面,如图 6-3 所示。

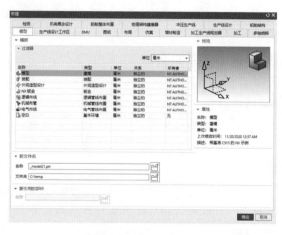

图 6-2   新建对话框

图 6-3   选择外观造型模块

2. NX 常用的基本曲面功能

NX 基本曲面功能是指创建外观造型面的基本曲面,通常是通过曲线组、曲线网格和扫掠等创建主曲面,同时利用曲面的面倒圆、修剪和延伸等进行面的编辑操作。这些命令多数位于【曲面】选项卡中,如图 6-4 所示。下面介绍一些常用的创建主曲面的功能。

图 6-4   常用的基本曲面功能

(1) 通过曲线组   通过一组同一方向的曲线来拟合成经过这些曲线的曲面,如图 6-5 所示。

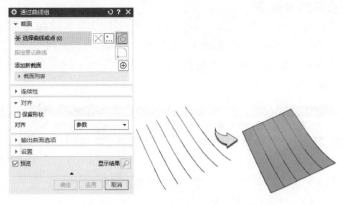

图 6-5 通过曲线组对话框和功能

（2）通过曲线网格 通过两个方向的曲线网格来拟合并创建符合形状的曲面，如图 6-6 所示。

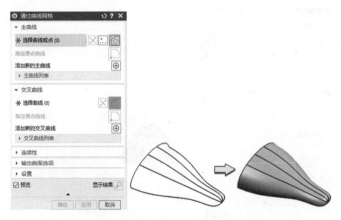

图 6-6 通过曲线网格对话框和功能

（3）扫掠 通过一条、两条或三条引导线串扫掠一个或多个截面，来创建实体或片体，如图 6-7 所示。

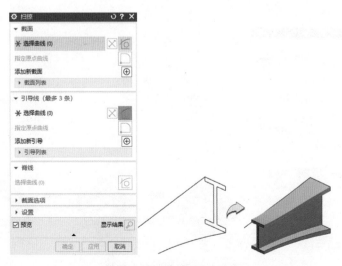

图 6-7 扫掠对话框和功能

3. NX 常用的高级曲面功能

对于一些较为复杂的外观造型，如汽车、飞机等，使用基本曲面功能是远远不够的，此时还需要一些高级曲面的功能，与基本曲面功能配合使用，才能得到满足要求的外观造型。这些高级曲面功能在 NX 中也较为丰富，包括但不限于如图 6-8 所示的一些功能。下面介绍一些常用的高级曲面功能。

图 6-8　常用的高级曲面功能

（1）X 型　通过编辑定义曲面的极点的位置来改变曲面的形状，如图 6-9 所示。

图 6-9　X 型对话框和功能

（2）I 型　通过添加曲面上的等参数曲线，编辑其方向来动态调整或修改曲面，如图 6-10 所示。

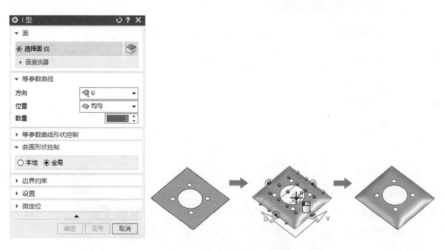

图 6-10　I 型对话框和功能

（3）扩大 对于经过裁剪或修剪过的曲面，使用扩大可以将曲面回复修剪以前的形状，并进一步扩充 U、V 两个方向的范围，如图 6-11 所示。

对于复杂情况下的曲面编辑的高级功能还有较多，其他的如整体变形、全局变形、整修曲面等，具体的用法在这里就不再描述。

4. NX 外观概念设计的功能

NX 进行外观概念设计的功能从使用场景上来看，可以分成以下几种类型：

1）较为简单的造型建模可以选择 NX 的基本曲面功能进行。

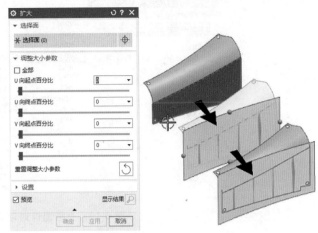

图 6-11 扩大对话框和功能

2）专业的外观造型设计可以选择外观造型模块，该模块包含较多的高级曲面功能以满足更专业的设计要求。

3）需要快速构建创新或创意的外观概念设计可以选择 NX 创意塑型工具。

4）从点云、逆向和外观设计一体化设计方面考虑，可以在 NX 环境中，综合应用逆向工程模块、外观造型模块和收敛建模模块进行无缝切换，直接在一个软件中完成从点云的编辑、逆向曲面的构建到外观成形的整个过程。

5. NX 外观造型模块的功能

对于专业的工业设计的外观造型，我们建议使用 NX 中的外观造型模块，该模块遵循典型的外观造型设计流程，可以帮助设计师较快地进入到外观概念设计中去。用如前所述的方式，进入到如图 6-12 所示的外观造型模块工作界面。下面介绍该界面中一些典型的功能。

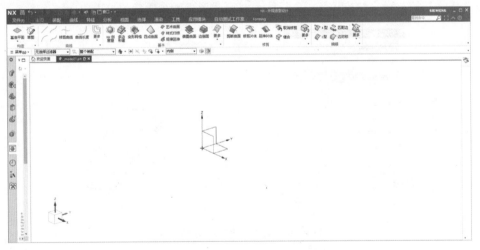

图 6-12 外观造型模块工作界面

（1）光栅图像 如前所述，典型的外观造型设计一般先以设计师手绘草稿开始，在手绘草稿完成后，可以单击【插入】→【基准点】→【光栅图像】命令，打开光栅图像对话框，如图 6-13 所示。可将手绘原型图样的 TIFF 或 JPG 图片导入到 NX 中，作为造型设计的原始输入以进行后续的外观设计。

图 6-13　光栅图像对话框和功能

（2）艺术曲面　艺术曲面是基于截面线网格（U、V方向）和引导线（最多三条）创建的优化后的光顺曲面，基于该方式创建的曲面更灵活，曲面光顺度也很好，如图 6-14 所示。

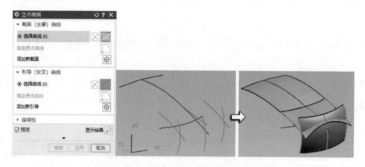

图 6-14　艺术曲面对话框和功能

（3）样式扫掠　样式扫掠是基于引导线和截面线形成的高质量的自由曲面，如图 6-15 所示。

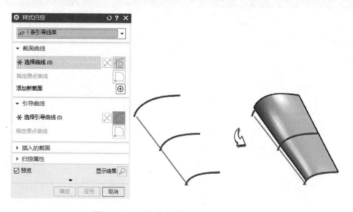

图 6-15　样式扫掠对话框和功能

外观造型的设计同样也涉及其他的很多曲面功能，同时也会使用到前面介绍的基本曲面、高级曲面的一些功能，同时还涉及与造型相关的高质量曲面的功能应用，这里就不再过多介绍，具体的使用方法可以参考 NX 的操作手册或相关文档。

6. NX 创意塑型的功能

NX 创意塑型工具是一种打破常规，突破了传统的方法进行外观造型的设计方式，方便设计师进行快速的造型创新，可以快速地创建符合设计意图的外观概念造型产品。用户可以在外观造型模块中进入创意塑型的任务环境，如图 6-16 所示，进入 NX 创意塑型工作环境后显示的界面如图 6-17 所示。设计师在这个工作环境中可通过操控和细分初始体素形状（如长方体、圆柱或球）的控制框架创建 B 曲面形状（实体或片体），应用非常方便。

图 6-16 NX 创意塑型

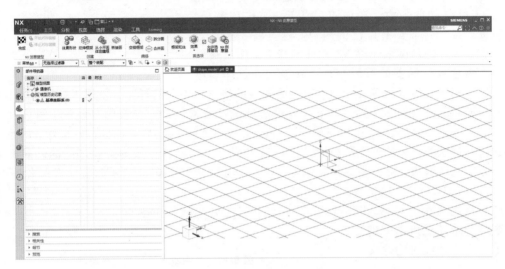

图 6-17 NX 创意塑型工作界面

与传统的造型设计方式相比，NX 创意塑型具有如下优势：①可创建难以通过传统方法进行建模的形状，从而拓展 NX 的塑型和造面功能。将传统特征和曲面命令与 NX 创意塑型结合使用，可以对形状进行优化并添加细节。②可以更快地创建和编辑复杂形状，从而提升早期概念设计的效率。③创意塑型命令交互简单，无须使用复杂的工具来开发简单的基本形状。

7. NX 渲染的功能

在外观造型完成后，需要根据场景输出整体的渲染效果图，这时可以使用渲染相关的功能来完成。可以选择【渲染】选项卡中的命令来进行渲染的工作，如图 6-18 所示。

图 6-18 渲染工作界面

在渲染工作界面中选择【艺术外观】命令，与渲染相关的材质、贴花、背景、场景的灯光等元素的功能将打开，如图 6-19 所示，设计师可以选择上述的相关功能进行渲染场景的定义。

图 6-19 艺术外观工作环境

渲染完成后，如果需要输出高质量的图片，建议采用【光线追踪艺术外观】功能来实现，如图 6-20 所示。该功能可以实现生成高质量照片般逼真的交互显示，以及在单独的窗口中进行基于物理的渲染。

图 6-20　使用光线追踪
艺术外观进行工作

二、NX 软件工作流程

NX 软件是西门子公司推出的一个产品工程解决方案，是一款集成产品 CAD/CAM/CAE 领域，帮助企业和用户实现从产品设计、分析与仿真到制造加工的一体化软件。NX 软件功能强大，在国防、汽车、高科技电子、重工机械等各行各业都有广泛的用户。这里将主要从产品外观概念设计的角度来介绍 NX 软件的基本工作流程。

外观概念设计涵盖的范围很广，在航空、汽车、电子、机械、家电、消费品等各行业都有产品外观的概念，不同的行业，使用 NX 进行工作的流程会完全不同。典型的如飞机、汽车的外观造型设计非常复杂，涉及的专业、学科以及采用的方法等也因产品而异，使用 NX 进行如飞机、汽车类产品的造型设计也是一个复杂的系统工程，我们不对这些产品的外观造型设计进行描述和讨论，仅就一般的工业产品的外观概念设计进行讨论。典型的工业产品的外观概念设计一般会按照如图 6-21 所示的设计流程来展开。

1）设计需求确认：收集客户的产品特点及相关资料，基于对客户产品外观概念的理念及要求，双方经过讨论及交流后达成对需求的一致性确认。

图 6-21　外观概念设计的一般流程

2）草图：设计师基于客户的需求进行分析，初步确定符合要求的产品创新造型方案，并基于方案绘制外观概念设计的草图，一般是以创意的手工绘制较多。

3）3D 造型：基于手工绘制的草图，在计算机创意造型软件上设计虚拟的 3D 外观概念造型。

4）渲染出图：基于应用的场景，综合产品对材质、配色等的要求渲染出效果示意图供客户参考。

5）评审：完成设计工作后，由设计方和客户双方组成的评审小组对最终的外观概念设计进行评审，确认是否符合设计需求。

在上述的流程中，前期的设计需求确认以及草图绘制的工作主要以讨论、沟通以及手工绘制为主，而在这之后的 3D 造型以及渲染出图则以 3D 软件为主。基于上述的流程，在 NX 中进行 3D 外观概念设计的一般流程可以总结如图 6-22 所示。

图 6-22　NX 中进行 3D 外观概念设计的一般流程

1）导入光栅图片：在手绘草图完成后，需要以手绘草图为基础在 3D 软件上进行 3D 外观造型的设计，所以需要将扫描过的手绘草图导入到 3D 软件中以进行后续的工作。

2）创建主曲面：在导入光栅图片后，外观概念设计一般遵循一定的顺序，即先创建与造型相关的最主要的大面的设计。

3）创建过渡曲面：在主曲面完成后，接下来的工作就是将这些主曲面进行关联，以形成符合手绘草图的主要形状。

4）细节设计：在过渡曲面完成后，已经形成了外观造型的主要形状，但是还是有较多的细节工作需要完善，如面间的光顺、倒圆角、合并等。完成细节设计后，整个外观造型的主要设计和建模工作就完成了。

5）渲染：对完成的造型模型根据场景在 NX 软件中进行渲染工作。

当前进行的外观概念设计工作大部分都遵循这个主要流程，外观概念设计要求设计师熟练掌握 NX 软件的曲面功能和使用技巧。

学习活动 5　任务实施

具体操作时，我们可根据客户提供的外观造型的设计需求和手工草图，按照 NX 中进行 3D 外观概念设计的一般流程来实现对产品外观造型的设计。

学习活动 6　任务评价

对学习者完成的任务采用 COMET 能力模型进行评价。评分者按照观测评分点给学习者的测评解决方案打分。具体评价见表 6-1。

表 6-1　基于 COMET 能力测评评价表

序号	评分项说明	完全不符合	基本不符合	基本符合	完全符合
1	对 NX 软件是否有了一定的认知？				
2	是否理解了外观概念设计的基本流程？				
3	对 NX 外观概念设计的一些工具是否掌握？				
4	是否能够结合设计流程，初步掌握工具的使用，对概念的理解是否正确？				
5	是否能够使用 NX 软件进行初步的外观概念设计？				
6	是否能够根据客户的实际需求来进行外观概念设计？				
7	掌握的外观概念设计知识和工具在哪些方面具有更大的潜力和影响？				
8	在以后的外观概念设计的场景中是否能够快速地融入实际的设计中去？				
9	掌握的知识和方法是否正确？				
10	是否能够熟练地应用到以后的外观概念设计中去？				

学习活动 7　人物风采

靠双手摸就能"测量"油箱壁厚，行业里的"金手指"——裴永斌

哈尔滨电机厂为水电站生产核心设备，而在众多的设备中，有一个设备有着不起眼的名字，叫作弹性油箱，它的品质关系到整座水电站的安危。生产这样的关键设备，自然要靠顶级高手，这位高手就是车工裴永斌。弹性油箱处于水电站发电机和水轮机之间的关键部位，要求具有统一的刚强度和尺寸精度。因此，它的制作工艺非常复杂，加工精度要求异常严格。裴永斌在加工中，必须把弹性油箱内圈和外圈的每一处壁厚控制在 7mm。而在加工油箱内部的时候，车刀刀架会遮挡入口，加工过程中注入冷却液产生的烟雾，致使要求极为精密的加工过程始终都处在雾里看花的状态。

从 1995 年第一次接触弹性油箱加工开始，裴永斌就在不断突破各种技艺瓶颈。使用数控机床加工弹性油箱，经过 30 年的不断进取，裴永斌练就了一身绝技，成为顶级高手，是全厂唯一靠双手摸就能"测量"油箱壁厚的工匠。这双神奇的工匠之手，仿佛长出了可以拐弯的"眼睛"，其测量精度和效率甚至超过一些专用仪器，也因此成为行业里公认的"金手指"。"中国制造"就在每一个工匠具体而微的自我超越中走向更高层次的"中国创造"。

学习活动8 拓展资源

1. NX 软件认知 PPT。
2. NX 软件介绍视频 1。
3. NX 软件介绍视频 2。
4. NX 软件介绍视频 3。
5. 课后练习。

6-1-1 NX 软件
介绍视频 1

6-1-2 NX 软件
介绍视频 2

6-1-3 NX 软件
介绍视频 3

任务二 热熔胶枪的创新设计

学习活动1 学习目标

技能目标：

（1）能够熟练使用 NX 软件的曲面造型功能。

（2）能够基于二维效果图使用 NX 软件进行产品设计和创新。

知识目标：

（1）理解创新设计的概念。

（2）了解创新设计的一般方法、创新过程和评价方法。

（3）掌握 NX 创意塑型建模方法。

素养目标：

（1）培养精益求精、臻于至善的工匠精神。

（2）培养刻苦钻研、严于律己、兢兢业业的工作态度。

（3）通过采用 COMET 能力模型对学习者提出要求，提升学习者的综合职业能力。

学习活动2 任务描述

某工具生产企业需要出口一批热熔胶枪到国外，为避免英文名称"Hot melt glue gun"及外形在出关申报时产生信息理解偏差，需要对外形重新进行设计。要在确保其功能不受影响的前提下，尽量避免枪的形状出现，并根据功能或者用途，提出新的英文名称。请问：该如何实现？

学习活动3 任务分析

实现产品的创新设计，必须首先了解产品的用途、用法、功能和使用环境等，然后使用草绘工具进行概念设计，即大致的功能设计和外形轮廓设计，再根据外形轮廓图进行三维造型设计、内部结构设计、装配设计、运动仿真和功能仿真等一系列工作，完成后可以使用 3D 打印技术进行实物验证，确定没有问题后即可进行批量生产。

在本任务中，我们通过对创新设计方法的了解，拟使用 NX 中的创意塑型工具和已经绘制完成的二维草图，进行热熔胶枪外形的创新设计。

学习活动4 必备知识

一、概念设计

产品概念设计是指由分析用户需求到生成概念产品的一系列有序的、可组织的、有目标的设计活动，表现为由模糊到清晰、由粗到精、由抽象到具体、不断演进的变化过程。产品概念设计的最终目的是开发新产品，而新产品必须满足用户需求，这就要求产品概念设计要以用户需求为重要设计依据。用户需求分为显性需求和潜在需求，用户显性需求能够通过分析市场调查数据直接获知，进而指导产品概念设计；用户潜在需求则需要产品概念设计小组充分挖掘需求信息，预测用户的期望，并运用科学的方法将新产品开发的投资风险降至最低。

图 6-23　热熔胶枪概念设计草图 1

　　如图 6-23 所示，根据已有的热熔胶枪进行概念设计草图绘制，可以看到其造型仍然比较像"枪"。接着我们再参照电动螺丝刀的造型进行功能提取和概念设计，如图 6-24 所示。

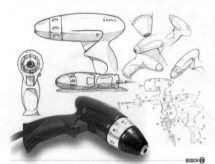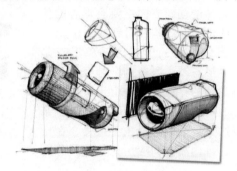

图 6-24　热熔胶枪概念设计草图 2

二、产品创新设计的一般方法

1. 灵感法

　　灵感法是靠激发灵感，使创新过程中久久不能解决的关键问题获得解决的创新技巧，凭借直觉而进行的快速、顿悟性的思考，具有瞬间性、突发性、偶然性、随机性、稍纵即逝等特点。

　　引发灵感的基本方法有观察分析、启发联想、实践激发、激情冲动和判断推理几种。

　　1）观察分析：在进行科技创新活动的过程中，自始至终都离不开观察分析。观察，不是一般的观看，而是有目的、有计划、有步骤、有选择地去观看和考察所要了解的事物。

　　2）启发联想：新认识是在已有认识的基础上发展起来的。旧与新或已知与未知的连接是产生新认识的关键，如图 6-25 所示。

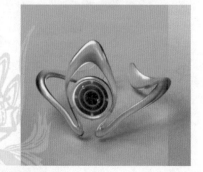

图 6-25　启发联想式腕表创新设计

3）实践激发：实践是创造的阵地，是灵感产生的源泉。在实践激发中，既包括现实实践的激发又包括过去实践体会的升华。

4）激情冲动：积极的激情，能够调动全身心的巨大潜力去创造性地解决问题。在激情冲动的情况下，可以增强注意力，丰富想象力，提高记忆力，加深理解力。

5）判断推理：判断与推理有着密切的联系，这种联系表现为推理由判断组成，而判断的形成又依赖于推理。推理是从现有判断中获得新判断的过程。

2. 仿生法

对自然界中的各种事物、过程、现象等进行模拟、科学类比而得到新成果的方法。模拟就是异类事物间某些相似的恰当比拟，相似是各类事物间某些共性的客观存在。

仿生设计学是以自然界万事万物的"形""色"音""功能""结构"等为研究对象，有选择地在设计过程中应用这些特征原理，为设计提供新的思想、新的原理、新的方法和新的途径。师法自然的仿生设计是一种重要的设计方法。建构人与机器、生态自然与人造自然之间的高度和谐，是仿生设计的主要目标。

仿生设计的创新方向主要有形态的仿生、功能的仿生、结构和材料的仿生。

（1）具象形态的仿生 具象形态是真实的外界形态映入眼帘刺激神经后，观察者所感觉到的存在形态。由于具象形态具有很好的情趣性、可爱性、有机性、亲和性、自然性，人们普遍乐于接受，在玩具工艺品、日用品方面应用比较多，如图6-26所示。

图 6-26 具象形态仿生设计

（2）抽象形态的仿生 抽象形态是用简单的形体反映事物独特的本质特征。此形态作用于人时，会产生"心理"形态，这种"心理"形态依据生活经验的积累，经过联想浮现于脑海中，那是一种虚幻的、不实的形，但是这个形经过个人主观的喜怒哀乐联想所产生的形变化多端、色彩丰富，这与生理上感觉到的形大异其趣，如图6-27所示。

图 6-27 抽象形态仿生设计

（3）功能仿生设计 功能仿生主要研究生物体和自然界物质存在的功能原理，并用这些原理去改进现有的或建造新的技术系统，以促进产品的更新换代或新产品的开发，如图6-28所示。

（4）结构和材料的仿生 人们在仿生制造中不仅是师法大自然，而且是学习与借鉴它们自身内部的组织方式与运行模式。有的结构精巧，用材合理，符合自然的经济原则；有些甚

图 6-28　蜻蜓的飞行原理与直升机的仿生设计

至是根据某种数理法则形成的，合乎以最少材料构成最大合理空间的要求。这些结构和材料为人类提供了优良设计的典范，如图 6-29 所示。

图 6-29　蜂窝结构散热器的仿生设计

学习活动 5　任务实施

1）打开 NX 软件，单击【应用模块】→【外观造型设计】命令进入造型设计视图。再单击【插入】→【基准/点】→【光栅图像】命令将概念设计草图导入到 NX 软件中，并与 ZY 平面对齐，如图 6-30 所示。

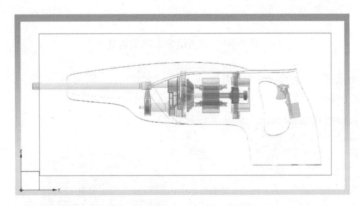

图 6-30　概念设计草图导入

2）单击【NX 创意塑型】命令，进入 NX 创意塑型界面。单击【体素形状】命令进行热熔胶枪加热舱外形设计，通过边框调整初始球体的形状和大小，如图 6-31 所示。

3）单击【设置权值】命令，改变体素变形端面的贴近程度，如图 6-32 所示。

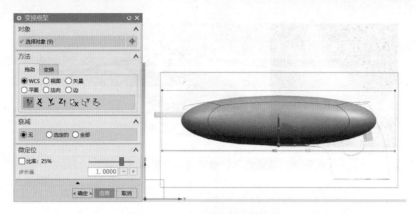

图 6-31　创意塑型初始球体调整

图 6-32　体素变形端面贴近程度调整

4）单击【开始对称建模】命令，以 YZ 平面为对称平面，进入对称模式；单击【拆分面】命令，对球体进行细分，然后对细分后的各段造型进行细节调整，使其边缘与概念设计草图基本一致，如图 6-33 所示。

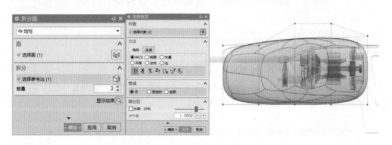

图 6-33　球体细分及细节调整

5）为了方便观察塑型与概念设计图边缘，可以单击【编辑对象显示】命令，对塑型透明度进行调整，如图 6-34 所示。

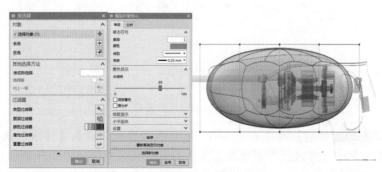

图 6-34　调整塑型透明度

6）对第二段再次进行细分，调整出曲线造型，如图 6-35 所示。调整好后单击【完成】命令，结束当前体素建模。

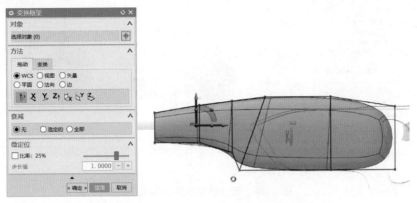

图 6-35　第二段再次细分及曲线造型调整

7）单击创意塑型【框架多段线】命令，参照概念设计草图把手部分，对把手进行塑型曲线绘制，如图 6-36 所示。

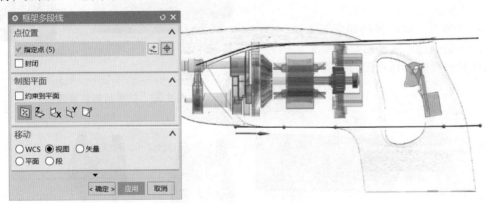

图 6-36　把手塑型曲线绘制

8）使用【放样框架】、【拆分曲面】和【移动锚点】等命令，对上一步绘制的把手造型曲线进行细分和轮廓调整，如图 6-37 所示。

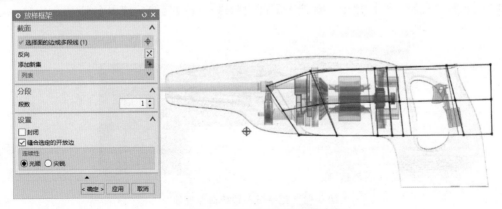

图 6-37　把手造型曲线细分及调整

9）移动把手造型曲线，并对其进行对称复制，如图 6-38 所示。

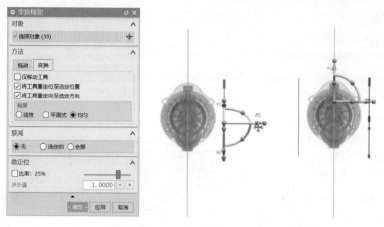

图 6-38　把手造型曲线镜像复制

10）使用移动工具，选择把手后部四个曲面线框，并将视图调整至 Y 向，然后进行拖拽，对把手后部曲面进行调整，如图 6-39 所示。

11）使用上一步同样的命令和方法，选择把手前部曲线进行拖拽调整，如图 6-40 所示。同样参照概念设计草图对把手曲线下端也进行调整。

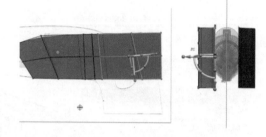

图 6-39　把手后部曲面调整

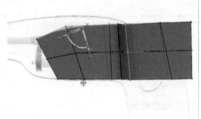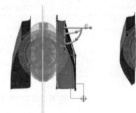

图 6-40　把手前部曲面调整

12）单击【拉伸框架】命令，对把手下部边缘进行拖拽延伸，如图 6-41 所示。

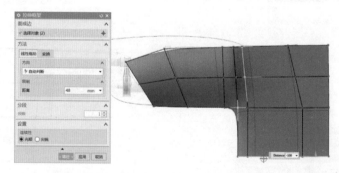

图 6-41　把手下部边缘曲面延伸

13）使用移动工具对把手下部曲线和锚点进行调整，使其与草图边缘对齐，如图 6-42 所示。

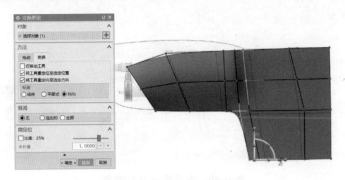

图 6-42 把手下部曲面调整

14）把手曲面进一步细化和调整，如图 6-43 所示。

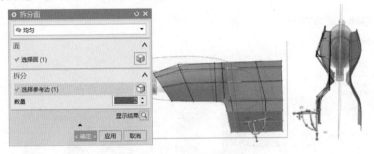

图 6-43 把手曲面细化和调整

15）单击【桥接面】命令，选择把手中部四个网格进行中间孔的制作，如图 6-44 所示。

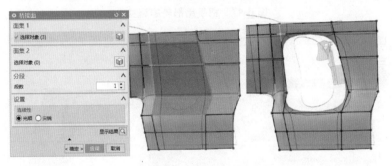

图 6-44 把手中间孔制作

16）单击【变换框架】命令，对上一步制作的中间孔轮廓进行拖拽调整，使其与草图轮廓对齐，如图 6-45 所示。

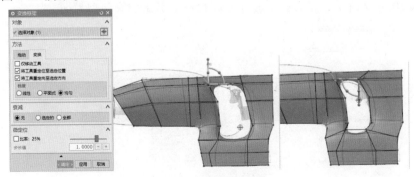

图 6-45 把手中间孔调整

17）单击【缝合框架】命令，依次选择把手镜像的两个曲面边缘曲线，对把手尾部曲面进行缝合，如图 6-46 所示。

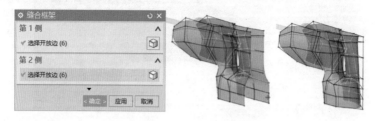

图 6-46　把手尾部曲面缝合

18）单击【变换框架】命令，对把手尾部轮廓进行多次调整，使其与概念草图贴合，如图 6-47 所示。

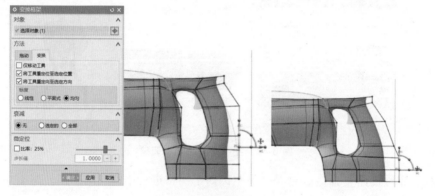

图 6-47　把手尾部轮廓调整

19）使用上一步相同的命令和方法，选择把手下侧两个曲面的边缘进行缝合，如图 6-48 所示。

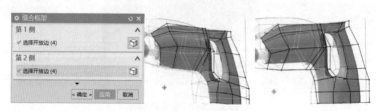

图 6-48　把手下侧曲面缝合

20）单击【变换框架】命令，对上一步缝合的把手下侧曲线进行调整，使其与概念草图边缘对齐，如图 6-49 所示，完成后单击【完成】命令退出创意塑型界面。

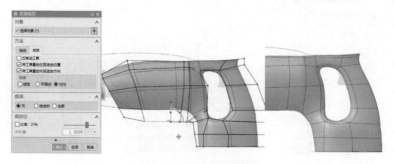

图 6-49　把手下侧轮廓调整

21）单击【曲线】命令，在把手上部两个曲面顶端锚点间绘制直线，然后单击【填充曲面】命令对其填充，并对其他两个开口曲面进行填充，如图6-50所示。

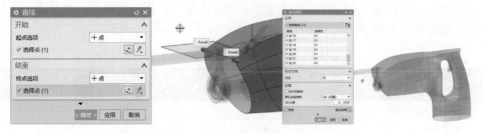

图 6-50 把手上部曲面封闭

22）使用布尔运算的【合并】命令，对完成的球体和已经封闭成实体的把手进行合并，使之成为一个整体，如图6-51所示。

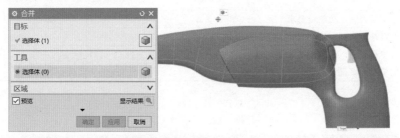

图 6-51 合并球体和把手

23）单击【边倒圆】命令，对尖锐边缘进行倒圆角处理，如图6-52所示。

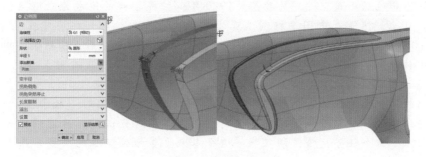

图 6-52 倒圆角处理

24）单击【编辑对象显示】命令调整透明度，再单击【面的边】命令隐藏边缘网格，查看设计效果，如图6-53所示。

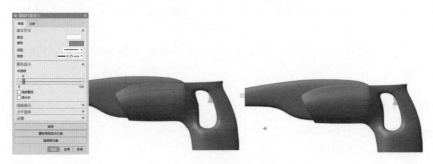

图 6-53 显示效果处理

学习活动 6　任务评价

对学习者完成的任务采用 COMET 能力模型进行评价。评分者按照观测评分点给学习者的测评解决方案打分。具体评价见表 6-2。

表 6-2　基于 COMET 能力测评评价表

序号	评分项说明	完全不符合	基本不符合	基本符合	完全符合
1	对生产企业来说,解决方案的表述是否容易理解?				
2	对技术人员来说,是否恰当地描述了解决方案?				
3	是否直观形象地说明了任务的解决方案(如:用图、表)?				
4	解决方案的层次结构是否分明? 描述解决方案的条理是否清晰?				
5	解决方案是否与专业规范或技术标准相符合(从理论、实践、制图、数学和语言等)?				
6	解决方案是否满足功能性要求?				
7	解决方案是否达到"技术先进水平"?				
8	解决方案是否可以实施?				
9	表述的解决方案是否正确?				

学习活动 7　人物风采

飞机零件的制造大师——胡双钱

胡双钱出生在上海一个工人家庭,从小就喜欢飞机。制造飞机在他心目中更是一件神圣的事,也是他从小藏在心底的梦想。1980 年,技校毕业的他成为上海飞机制造厂的一名钳工。从此,伴随着中国飞机制造业发展的坎坎坷坷,他始终坚守在这个岗位上。2002 年、2008 年我国 ARJ21 新支线飞机项目和大型客机项目先后立项研制,中国人的大飞机梦再次被点燃。有了几十年的积累和沉淀,胡双钱觉得实现心中梦想的机会来了。大飞机制造让胡双钱又忙了起来。他加工的零部件中,最大的将近 5m,最小的比曲别针还小。胡双钱不仅要做各种各样形状各异的零部件,有时还要临时"救急"。一次,生产急需一个特殊零件,从原厂调配需要几天时间,为了不耽误工期,只能用钛合金毛坯在现场临时加工。这个任务交给了胡双钱。这个本来要靠细致编程的数控车床来完成的零部件,在当时却只能依靠胡双钱的一双手和一台传统的铣钻床,连图样都没有。打完需要的 36 个孔,胡双钱用了 1 个多小时。当这个"金属雕花"作品完成之后,零件一次性通过检验,送去安装。

现在,胡双钱一周有 6 天要泡在车间里,但他却乐此不疲。他说:"每天加工飞机零件,我的心里踏实,这种梦想成真的感觉是多少钱都买不来的。"因为长期接触漆色、铝屑,胡双钱的手已经有些发青,而经这双手制造出来的零件被安装在近千架飞机上,飞往世界各地。胡双钱在这个车间已经工作了 35 年,经他手完成的零件没有出过一个次品。

学习活动 8　拓展资源

1. 热熔胶枪创新设计 PPT。
2. 热熔胶枪创新设计微课。
3. 课后练习。

6-2-1　热熔胶枪
创新设计微课

任务三 卡具减重的创新设计

学习活动1 学习目标

技能目标：

（1）能够分析传统设计与拓扑优化设计的不同之处。

（2）能够制订拓扑优化设计的技术参数。

（3）能够完成卡具的拓扑优化创成式设计。

知识目标：

（1）理解拓扑优化设计的概念。

（2）掌握拓扑优化设计的工艺参数。

（3）了解拓扑优化设计实施的目的。

（4）掌握卡具减重创新设计的方法。

素养目标：

（1）培养鬼斧神工、精益求精的工匠精神。

（2）培养积极进取、勇攀高峰的工作态度。

（3）通过采用 COMET 能力模型对学习者提出要求，提升学习者的综合职业能力。

学习活动2 任务描述

某汽车厂商，近期在进行一个整车环保项目的开发。需要在提高整车安全性的前提下，减轻车重，以适应节能减排要求。车厂交给我们一个卡具零件，要求我们进行再设计。请问：如何做才能实现提高（不降低）卡具强度的同时减轻重量？

学习活动3 任务分析

想实现提高（不降低）卡具强度的同时减重，必须在力学分析的基础上，进行结构优化并再次设计，这里我们简称为拓扑优化设计。进行拓扑优化设计，需要对现有卡具结构、工况、载荷进行分析，并通过设计软件的拓扑功能生成结果形状，再对结果进行细化优化。

学习活动4 必备知识

一、拓扑优化设计

拓扑优化是一种根据给定的负载情况、约束条件和性能指标，在给定的区域内对材料分布进行优化的数学方法，是结构优化的一种。结构优化可分为尺寸优化、形状优化和拓扑优化。

1. 拓扑优化设计概念

拓扑优化设计是在给定材料品质和设计区域内，通过优化设计方法得到满足约束条件又使目标函数最优的结构布局形式及构件尺寸。摆臂拓扑优化的设计与非设计区域如图 6-54 所示，施加载荷及边界条件的摆臂有限元模型如图 6-55 所示。

自 1988 年 Bendsoe 与 Kikuchi 提出基于均匀化方法的结构拓扑优化设计基本理论以来，近二十几年间结构拓扑设计得到深入和广泛的研究，已成为国际工程结构与产品创新设计领域的热点。

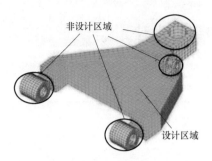

图 6-54　摆臂拓扑优化的设计与非设计区域

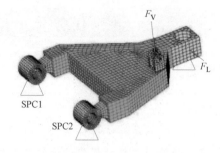

图 6-55　施加载荷及边界条件的摆臂有限元模型

目前，拓扑设计理论在柔性受力结构 MEMS 器件及其他柔性微操作机构的设计中得到了广泛的应用。目前结构优化技术有四大领域：尺寸优化、形状优化、拓扑与布局优化、结构类型优化。拓扑优化设计的流程如图 6-56 所示。

2. 拓扑优化方法

（1）均质化方法　均质化方法是连续体结构拓扑优化研究中应用较广的一种物理描述方法。Bendsoe 与 Kikuchi 于 1988 年提出基于均质化方法的结构拓扑优化设计基本理论。目前均质化方法研究范围主要涉及多工况平面问题、三维连续体问题、振动问题、热弹性问题、屈曲问题、三维壳体问题、薄壳结构问题和复合材料拓扑优化等。

（2）相对密度法　相对密度法是一种常用的拓扑优化方法，基本思想是不引入微结构，而是引入一种假想的相对密度在 0~1 之间可变的材料。它吸取了均质化方法中的经验和成果，直接假定设计材料的宏观弹性常量与其密度的非线性关系，其中应用得比较多的模型是 SIMP 法。

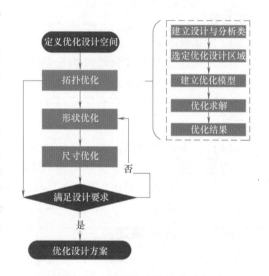

图 6-56　拓扑优化设计的流程

（3）进化结构优化方法　进化结构优化法是由 Xie 和 Steven 提出的，其起源于应力设计技术，认为在设计域内，在结构上不起作用的材料，即那些低应力或低应变能量密度的材料是低效的，可以去除的。材料的去除可以通过改变作为应力或应变能量密度函数的弹性模量来实现。通过将无效或低效的材料一步步去掉，剩下的结构将逐渐趋于优化。

3. 拓扑优化目的

可以说，传统设计的原始条件（零件需要承受的载荷、占用空间和使用的材料、装配关系）是拓扑优化设计的基础。只有在传统设计的模型原始数据（边界条件）基础上，才能进行拓扑优化设计，拓扑优化的效益有：减少产品重量、减轻材料消耗、产品强度最大化、更少的制造步骤，如图 6-57 所示。

二、基于 NX 的拓扑优化

这里主要介绍基于 NX 的拓扑优化软件使用，即创成式拓扑优化。创成式设计是基于一组规则或算法来自动构建模型的一种创新的产品设计方法，该方法很好地实现了人机交互和自我创新。根据输入者的设计意图（例如设计目标，边界条件等），通过创成式系统，生成潜在的可行性设计方案的几何模型，然后进行综合对比，筛选出设计方案推送给设计者进行最后的决策，如图 6-58 所示。

图 6-57　拓扑优化设计的效益

在 NX 软件中，内置有许多用于拓扑优化创成式设计的命令，主要有管理实体、赋予材料、管理全局载荷、设置优化、优化结果显示、最大应变显示、最大应力显示、图例，如图 6-59 所示。在设计过程中，只有熟知并灵活运用这些命令，才能根据需要完成设计。连接架、连接杆、支架、吊钩、托架的拓扑优化效果如图 6-60 所示。

图 6-58　创成式设计流程

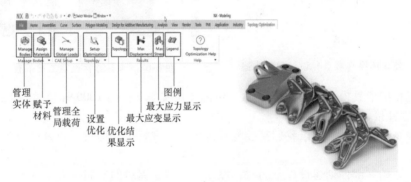

图 6-59　NX 中不同命令对应的选项按钮

a) 连接架零件拓扑优化　　b) 连接杆零件拓扑优化　　c) 支架零件拓扑优化

d) 吊钩零件拓扑优化　　　　e) 托架零件拓扑优化

图 6-60　拓扑优化效果展示

学习活动5　任务实施

厂家在委托我们进行卡具再设计项目后，给我们提供了原始的卡具设计数据及卡具在不同工况下的载荷情况。首先用设计软件在卡具三维数据模型上创建设计空间、定义载荷，生成、查看、优化结果后得到 STL 模型和三维实体数据；然后通过金属 3D 打印技术打印出粗坯，用自动编程软件获取加工程序，用数控机床完成精加工；最后替换了车辆上的原始卡具后，根据软件分析结果和实际测试结果综合得到最后的项目报告。具体实施方案如图 6-61 所示。

运用 NX 软件进行卡具创成式设计的具体步骤如下：

1）对原始零部件，按照标准工况进行有限元分析。分析结果显示最大应力 44.1MPa，最大位移 0.023mm，如图 6-62 所示。

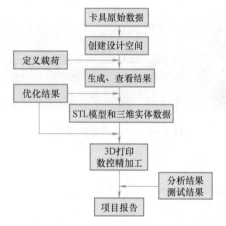

图 6-61　整车环保（减重）设计实施方案

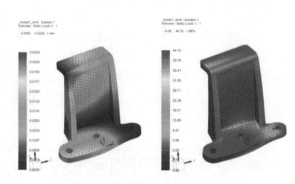

图 6-62　卡具零件设定工况下有限元分析图

2）要优化的卡具模型如图 6-63 所示，中间孔位置向下受力 1000N，单侧销轴固定，上端长板部分与零件接触。

3）因为是对称零件，所以我们直接将其拆分一半进行优化即可，以减少设计数据量，如图 6-64 所示。

4）通过原始零部件创建设计空间时，原则上要占有周边的空间位置，并且保障其装配条件，故中间螺母位置需要空缺出来，如图 6-65 所示。

图 6-63　载荷示意图

图 6-64　数据准备示意图

图 6-65　设计空间及留位示意图

5）创建场景体，即与卡具装配、配合的零件，这里需要创建出加力螺杆、销轴和加工件，如图 6-66 所示。

6）选中要优化的设计空间，并将其标记为设计空间，如图 6-67 所示。

图 6-66　辅助场景体示意图

图 6-67　设计空间设置示意图

7）管理优化特征，即设置装配零件和设计空间的关系与约束。将三个特征添加进列表，分别对其设置，如图 6-68 所示。加工零件设置为壳，偏置值设置为 4mm，无约束，如图 6-69 所示；加力螺杆设置为壳，偏置值设置为 5mm，固定约束，如图 6-70 所示；销轴设置为壳，偏置值设置为 6mm，销约束，矢量方向为销轴中心向上，如图 6-71 所示。

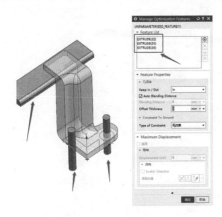

图 6-68　场景示意图一

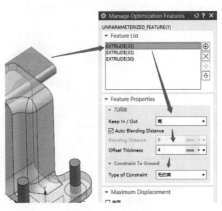

图 6-69　场景示意图二

图 6-70　场景示意图三

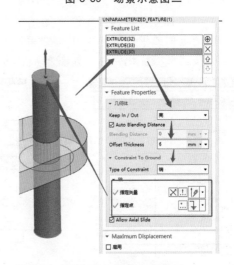

图 6-71　场景示意图四

8）由于加力螺杆设置为固定约束，所以对加工零件和销轴施加载荷即可。这里采用了反向思维，真实工况为加力螺杆加力，销轴和零件相对固定。在操作时将加力螺杆固定，加工零件和销轴添加反向1500N的力。载荷相对原始工况有所增加是为了保障优化后零件的安全性，如图6-72所示。

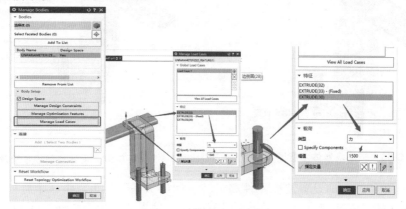

图 6-72　载荷添加示意图

9）前面提到了对称零件可以直接优化一半，这里设置对称平面，可直接生成完整结果。然后添加材料分散约束，生成分散式结构，以利于进行增材制造，如图6-73所示。

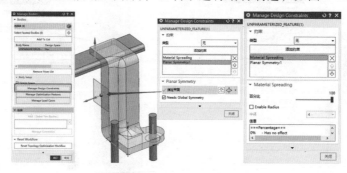

图 6-73　添加设计约束示意图

10）直接对整体模型全部赋予钢材质材料，如图6-74所示。

11）开始优化计算，首先设置优化精度适中即可，其次对优化结果进行预判。此时获得设计空间的近似质量和最小结果，然后填写优化目标，一般为设计空间质量的一半或60%。单击运行按钮开始优化计算，如图6-75所示。

图 6-74　材料添加示意图

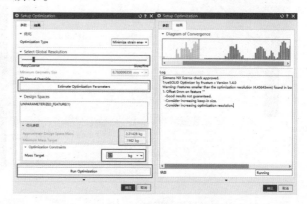

图 6-75　计算过程示意图

12）计算完成可以获得三个结果，分别是优化模型、应力云图和位移云图，如图6-76所示。

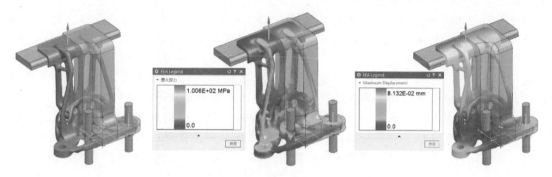

图6-76　优化结果示意图

13）至此，卡具拓扑优化创成式设计结束。

学习活动6　任务评价

对学习者完成的任务采用COMET能力模型进行评价。评分者按照观测评分点给学习者的测评解决方案打分。具体评价见表6-3。

表6-3　基于COMET能力测评评价表

序号	评分项说明	完全不符合	基本不符合	基本符合	完全符合
1	对汽车厂商来说，解决方案的表述是否容易理解？				
2	对技术人员来说，是否恰当地描述了解决方案？				
3	是否直观形象地说明了任务的解决方案(如：用图、表)？				
4	解决方案的层次结构是否分明？描述解决方案的条理是否清晰？				
5	解决方案是否与专业规范或技术标准相符合(从理论、实践、制图、数学和语言等)？				
6	解决方案是否满足功能性要求？				
7	解决方案是否达到"技术先进水平"？				
8	解决方案是否可以实施？				
9	表述的解决方案是否正确？				

学习活动7　人物风采

金牌：倔强+工匠精神铸就——杨金龙

杨金龙出生于云南省保山市的一户农民家庭，他上学时家里的年收入仅3000余元。2009年，杨金龙初中毕业，受家庭条件影响，15岁的他选择了不需要学费的技校继续求学。"我上学前都没有摸过汽车，但一碰到各种颜色的油漆我就着魔了。"杨金龙笑着说。上学期间，他对喷漆技术到了痴迷的程度，常常为了攻克一个问题而在实训车间待到凌晨。在老师眼里，杨金龙最喜欢刨根究底。杨金龙表示，他有点倔，做一件事情就要做到最好。"以前的手工艺人都是工匠，追求精益求精，我们这代人要把这种精神找回来。"杨金龙非同寻常地能吃苦，肯钻研。在校期间，杨金龙就获得了浙江省职业院校汽车运用与维修汽车涂装一等奖，全国职业院校汽车运用与维修汽车涂装二等奖等成绩。2012年，杨金龙毕业后被一家奥迪4S店聘用，凭借其出色的技术，工资一路上涨。但是，杨金龙更痴迷于技术的进步。

　　2014 年，当母校邀请他回学校参加世界技能大赛国内选拔赛时，他毅然辞去工作返回学校训练。长达一年半的高强度集训极为枯燥艰辛，也正是在这个过程中，他体会到工匠精神的内涵。2015 年，他参加在巴西举行的第 43 届世界技能大赛，并获得金牌，为我国实现了该赛事金牌零的突破。回国后，杨金龙获得了诸多奖励，被授予浙江省五一劳动奖章。除了给学生上课外，他还经常受邀参加各种经验交流活动。"这足以说明，在国家如此重视技能人才的当下，年轻人靠技能立业的大好时代已经到来。"杨金龙表示，能获得这么多的殊荣出乎意料。他认为，社会尊重技能人才是技能人才蓬勃复兴的基础。

　　如今，杨金龙是浙江省第一个、也是唯一的特级技师，他被破格提拔为杭州技师学院教师，享受教授级高级工程师待遇。杭州技师学院院长邵伟军说，未来技能人才不再是传统意义上的民工，而是制造业中的技术先锋，是国家打造制造业强国的中坚力量。

学习活动 8　拓展资源

1. 卡具减重的创新设计 PPT。
2. 卡具减重的创新设计微课 1。
3. 卡具减重的创新设计微课 2。
4. 课后练习。

6-3-1　卡具减重的
创新设计微课 1

6-3-2　卡具减重的
创新设计微课 2

项目七　综 合 训 练

任务一　自行车车灯三维扫描和数模重构

学习活动 1　学习目标

技能目标：

(1) 能够制订使用台式三维扫描仪扫描自行车车灯的策略。

(2) 能够使用台式三维扫描仪完成自行车车灯的三维扫描。

(3) 能够分析使用 Geomagic Design X 软件进行自行车车灯数模重构的思路。

(4) 能够使用 Geomagic Design X 软件进行自行车车灯的数模重构。

知识目标：

(1) 熟悉并掌握使用台式三维扫描仪进行自行车车灯三维扫描的策略和步骤。

(2) 熟悉并掌握使用 Geomagic Design X 软件进行自行车车灯数模重构的思路和方法。

素养目标：

(1) 培养热爱祖国、关爱他人的崇高品质。

(2) 培养不畏艰难、事必躬亲的工作作风。

(3) 通过采用 COMET 能力模型对学习者提出要求，提升学习者的综合职业能力。

学习活动 2　任务描述

　　某公司需对自行车车灯实物模型进行三维扫描，获取其完整的点云数据，然后进行三维逆向建模，以此来还原产品的原始模型数据。请问：该过程如何实施？

学习活动 3　任务分析

　　要想获取自行车车灯的点云数据，拟使用台式三维扫描仪来完成，观察发现该自行车车灯为对称模型，进行三维扫描时，可利用辅助工具二维转盘进行，从而更快速、更精确地得到其表面完整的点云数据。三维逆向建模拟使用 Geomagic Design X 软件来完成，先创建主体特征，再创建细节特征。

学习活动 4　任务实施

一、自行车车灯的三维扫描

1. 准备工作

（1）喷粉　观察发现该自行车车灯部分颜色较深，影响正常的扫描效果，所以我们采用喷涂一层显像剂的方式进行扫描，从而获得更加理想的点云数据，如图 7-1 所示。

（2）粘贴标志点　因为要进行拼接扫描，所以需要粘贴标志点，自行车车灯标志点粘贴方式如图 7-2 所示。

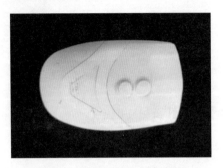

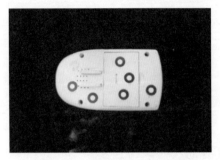

图 7-1　喷粉后的自行车车灯　　　　　图 7-2　自行车车灯标志点粘贴

（3）制订扫描策略　观察发现该自行车车灯为对称模型，为了更方便、更快捷，我们可以借助转盘这个辅助工具来对其进行三维扫描。

2. 三维扫描步骤

1）将自行车车灯放置在转盘上，确定转盘和自行车车灯在十字中间，尝试旋转转盘一周，在软件实时显示区域观察，以保证能够扫描到整体，如图 7-3 所示。合理调整亮度、扫描仪到被扫描物体的距离等参数，并且先使扫描仪对准自行车车灯由上表面到下表面过渡的公共标志点后，单击【开始扫描】按钮，开始第一步扫描，扫描结果可以在 Wrap 界面查看，如图 7-4 所示。

图 7-3　第一步扫描自行车车灯摆放视角　　　图 7-4　第一步扫描数据显示结果

2）转动转盘一定角度（建议在 30°～120° 之间），必须保证与上一步扫描有公共重合部分，如图 7-5 所示，扫描结果如图 7-6 所示。

3）同步骤 2）类似，向同一方向继续旋转一定角度扫描，如图 7-7 所示，扫描结果如图 7-8 所示。

4）向同一方向继续旋转一定角度扫描，如图 7-9 所示，扫描结果如图 7-10 所示。

5）确认前面已经把自行车车灯的一半数据扫描完成后，将自行车车灯从转盘上取下，翻转转盘，同时也将自行车车灯进行翻转以扫描其下表面。这里一定要先扫描到由上表面到下表

图 7-5 第二步扫描自行车车灯摆放视角

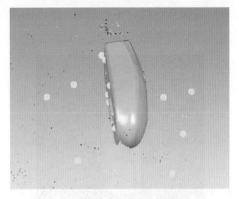

图 7-6 第二步扫描数据显示结果

图 7-7 第三步扫描自行车车灯摆放视角

图 7-8 第三步扫描数据显示结果

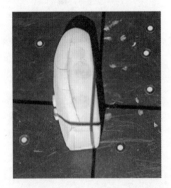

图 7-9 第四步扫描自行车车灯摆放视角

图 7-10 第四步扫描数据显示结果

面过渡的公共标志点，如图 7-11 所示，扫描结果如图 7-12 所示。

图 7-11 第五步扫描自行车车灯摆放视角

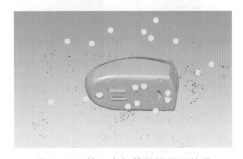

图 7-12 第五步扫描数据显示结果

6）查看未扫描完整的点云，向同一方向继续旋转一定角度扫描，如图 7-13 所示，扫描结果如图 7-14 所示。

图 7-13　第六步扫描自行车车灯摆放视角

图 7-14　第六步扫描数据显示结果

7）同理，向同一方向继续旋转一定角度扫描，保证与上一步扫描有公共标志点重合部分，如图 7-15 所示，扫描结果如图 7-16 所示。

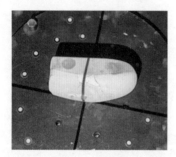

图 7-15　第七步扫描自行车车灯摆放视角

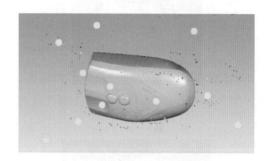

图 7-16　第七步扫描数据显示结果

8）同理，向同一方向继续旋转一定角度扫描，保证与上一步扫描有公共标志点重合部分，如图 7-17 所示。此时自行车车灯基本扫描完成，扫描结果如图 7-18 所示。可以在 Geomagic Wrap 界面查看对应的点云，查看自行车车灯是否扫描完整，若未完整则调整扫描角度继续扫描，直至得到完整点云。

图 7-17　第八步扫描自行车车灯摆放视角

图 7-18　第八步扫描数据显示结果

二、自行车车灯的数模重构

1）单击【插入】→【导入】命令，弹出导入对话框，导入自行车车灯的 STL 数据文件，如图 7-19 所示。

图 7-19　导入 STL 数据

2）单击【模型】→【平面】命令，弹出追加平面对话框，先用绘制直线的方法创建辅助"平面 1"，再用镜像的方法创建对称"平面 2"，如图 7-20 所示。

图 7-20　创建"平面 1"和"平面 2"

3）单击【草图】→【面片草图】命令，弹出面片草图的设置对话框，设置基准平面为"平面 2"，单击确定进入草图绘制界面。使用【直线】命令，创建"面片草图 1"，如图 7-21所示。

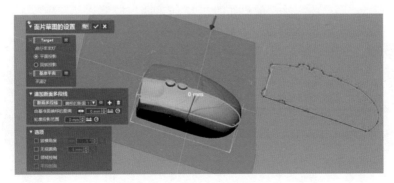

图 7-21　创建"面片草图 1"

4）单击【对齐】→【手动对齐】命令，弹出手动对齐对话框，选择自行车车灯面片模型后进入下一阶段，选择 3-2-1 方式，参数设置如图 7-22 所示，即平面为"平面 2"，线为"面片草图 1"，确定后即可对齐坐标系。

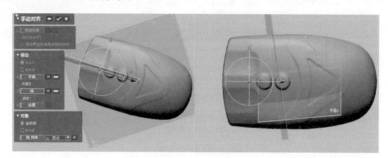

图 7-22　手动对齐

5）单击【领域】选项卡，进入领域组模式。单击【画笔选择模式】按钮，手动绘制领域，然后单击【插入】命令，插入新领域，如图 7-23 所示。

6）单击【模型】→【面片拟合】命令，弹出面片拟合对话框，选择步骤 5）中的领域，创建"面片拟合 1"，如图 7-24 所示。

图 7-23　创建领域组 1

7）用和步骤 5）同样的方法，创建如图 7-25 所示的领域。

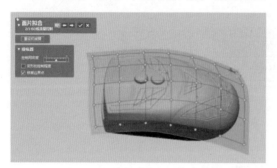

图 7-24　创建"面片拟合 1"

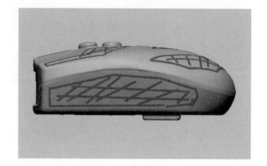

图 7-25　创建领域组 2

8）单击【模型】→【面片拟合】命令，选择 7）中的领域，创建"面片拟合 2"，如图 7-26 所示。

9）用和步骤 5）同样的方法，创建如图 7-27 所示的领域。

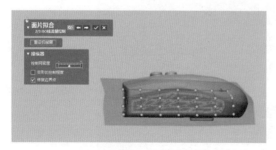

图 7-26　创建"面片拟合 2"

图 7-27　创建领域组 3

10）单击【模型】→【面片拟合】命令，选择步骤 9）中的领域，创建"面片拟合 3"，如图 7-28 所示。

11）单击【3D 草图】→【3D 草图】命令，使用【样条曲线】命令创建"3D 草图 1"，如图 7-29 所示。

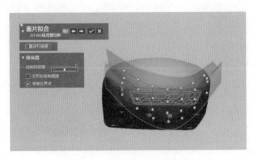

图 7-28　创建"面片拟合 3"

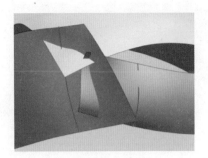

图 7-29　创建"3D 草图 1"

12）单击【模型】→【剪切曲面】命令，弹出剪切曲面对话框，工具选择"3D 草图 1"，对象选择"面片拟合 2"和"面片拟合 3"，然后进入下一阶段，保留体选择如图 7-30 所示的蓝色高亮面，创建"剪切曲面 1"。

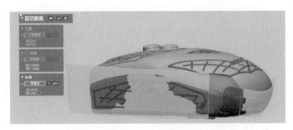

图 7-30　创建"剪切曲面 1"

13）单击【模型】→【曲面放样】命令，弹出放样对话框，轮廓选择剪切后的"面片拟合 2"和"面片拟合 3"的边界线（注：若选择的曲线存在分段，可以按住<shift>键同时选择），起始约束和终止约束均选择与面相切，创建"放样 1"，如图 7-31 所示。

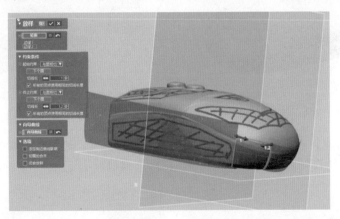

图 7-31　创建"放样 1"

14）单击【草图】→【草图】命令，弹出设置草图对话框，设置基准平面为"前面"，单击确定进入草图绘制界面。使用【样条曲线】命令，创建"草图 2"，如图 7-32 所示。

15）单击【模型】→【曲面拉伸】命令，弹出拉伸对话框，将"草图 2"拉伸 92.5mm，创建"拉伸 1"，如图 7-33 所示。

16）单击【模型】→【剪切曲面】命令，工具选择"拉伸 1"，对象选择"面片拟合 1""剪切曲面 1"

图 7-32　创建"草图 2"

和"放样 1",然后进入下一阶段,保留体选择如图 7-34 所示的蓝色高亮面,创建"剪切曲面 2"。

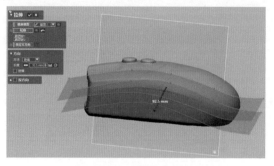

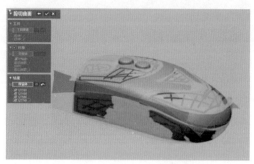

图 7-33　创建"拉伸 1"　　　　　　　　　图 7-34　创建"剪切曲面 2"

17)单击【模型】→【曲面放样】命令,轮廓依次选择如图 7-35~图 7-37 所示的曲面边界线,起始约束和终止约束分别选择与面相切或无,依次创建"放样 2""放样 3"和"放样 4"。

注意: 若曲面的边界线分段不合适,可用【3D 草图】和【分割面】等命令对曲面边界线进行分段。

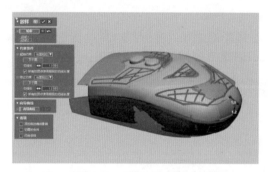

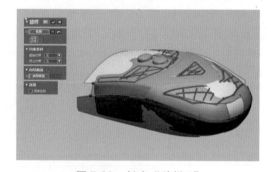

图 7-35　创建"放样 2"　　　　　　　　　图 7-36　创建"放样 3"

18)单击【模型】→【面填补】命令,弹出面填补对话框,边线选择如图 7-38 所示的面的边线,连续性约束条件设为面的边线均相切,创建"面填补 1"。

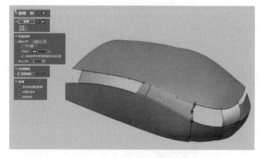

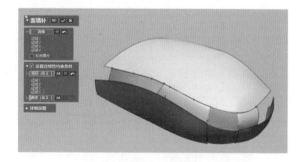

图 7-37　创建"放样 4"　　　　　　　　　图 7-38　创建"面填补 1"

19)用和步骤 5)同样的方法,创建如图 7-39 所示的领域。

20)单击【模型】→【面片拟合】命令,选择步骤 19)中的领域,创建"面片拟合 4",如图 7-40 所示。

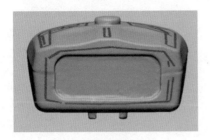

图 7-39 创建领域组 4

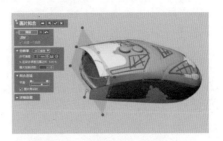

图 7-40 创建"面片拟合 4"

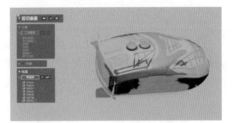

图 7-41 创建"剪切曲面 3"

21）单击【模型】→【剪切曲面】命令，工具和对象均选择"面片拟合 4""剪切曲面 2""放样 2""放样 3""放样 4"和"面填补 1"，然后进入下一阶段，保留体选择如图 7-41 所示的蓝色高亮面，创建"剪切曲面 3"。

22）用和步骤 5）同样的方法，创建如图 7-42 所示的领域。

23）单击【模型】→【面片拟合】命令，选择步骤 22）中的领域，创建"面片拟合 5"，如图 7-43 所示。

图 7-42 创建领域组 5

图 7-43 创建"面片拟合 5"

24）单击【模型】→【剪切曲面】命令，工具和对象均选择"面片拟合 5"和"剪切曲面 3"，然后进入下一阶段，保留体选择如图 7-44 所示的蓝色高亮面，创建"剪切曲面 4"。

25）单击【草图】→【草图】命令，以"右面"为基准平面，使用【直线】命令创建"草图 3"，如图 7-45 所示。

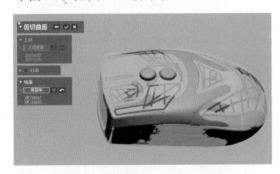

图 7-44 创建"剪切曲面 4"

图 7-45 创建"草图 3"

26）单击【模型】→【曲面拉伸】命令，将"草图 3"双向拉伸，创建"拉伸 2"，如图 7-46 所示。

27）单击【模型】→【剪切曲面】命令，工具和对象均选择"拉伸 2"和"剪切曲面 4"，然后进入下一阶段，保留体选择如图 7-47 所示的蓝色高亮面，创建"剪切曲面 5"。若修剪后的曲面体之间无交叉或者缝隙，软件会自动生成实体，如图 7-48 所示，可根据实际情况对图中边线处进行合适的倒圆角。

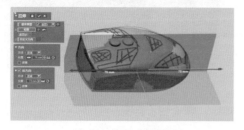

图 7-46　创建"拉伸 2"

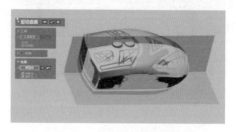

图 7-47　创建"剪切曲面 5"

28）单击【模型】→【曲面偏移】命令，弹出曲面偏移对话框，将如图 7-49 所示的面反向偏移 1.3mm，创建"曲面偏移 1"，并用【延长曲面】命令将其适当延长。

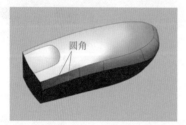

图 7-48　生成实体

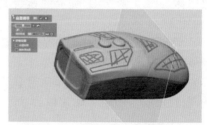

图 7-49　创建"曲面偏移 1"

29）单击【草图】→【草图】命令，以"右面"为基准平面，使用【直线】和【圆角】命令创建"草图 4"，如图 7-50 所示。

30）单击【模型】→【曲面拉伸】命令，将"草图 4"拉伸，创建"拉伸 3"，如图 7-51 所示。

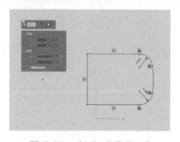

图 7-50　创建"草图 4"

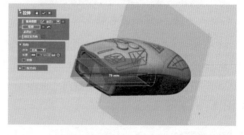

图 7-51　创建"拉伸 3"

31）单击【模型】→【剪切曲面】命令，工具和对象均选择"拉伸 3"和"曲面偏移 1"，然后进入下一阶段，保留体选择如图 7-52 所示的蓝色高亮面，创建"剪切曲面 6"。

32）单击【模型】→【切割】命令，弹出切割对话框，工具选择"剪切曲面 6"，对象选择实体"剪切曲面 5"，保留体选择如图 7-53 所示的蓝色高亮面，对实体进行切割。

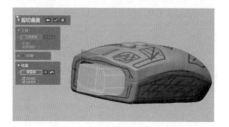

图 7-52　创建"剪切曲面 6"

图 7-53　切割实体

33）单击【草图】→【面片草图】命令，以"上面"为基准平面，使用【圆】命令创建"面片草图5"，如图7-54所示。

34）单击【模型】→【实体拉伸】命令，将"面片草图5"拉伸39mm，创建"拉伸4"，如图7-55所示。

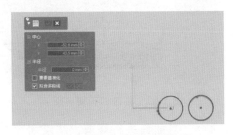

图7-54 创建"面片草图5"

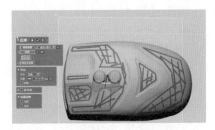

图7-55 创建"拉伸4"

35）单击【模型】→【圆角】命令，弹出圆角对话框，使用【固定圆角】方法，分别对轮廓边进行倒圆角，如图7-56~图7-58所示。

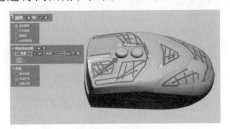

图7-56 圆角1

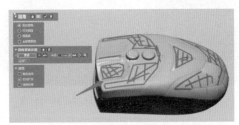

图7-57 圆角2

36）单击【模型】→【曲面偏移】命令，将车灯上曲面偏移0.3mm，创建"曲面偏移2"，如图7-59所示。

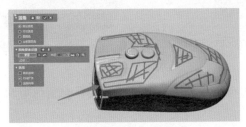

图7-58 圆角3

图7-59 创建"曲面偏移2"

37）单击【草图】→【草图】命令，以"上面"为基准平面，使用【直线】、【3点圆弧】和【圆角】等命令创建"草图6"，如图7-60所示。

38）单击【模型】→【曲面拉伸】命令，将"草图6"拉伸67mm，创建"拉伸5"，如图7-61所示。

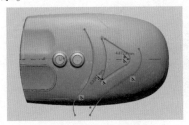

图7-60 创建"草图6"

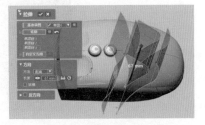

图7-61 创建"拉伸5"

39）单击【模型】→【剪切曲面】命令，工具和对象均选择"拉伸5"和"曲面偏移2"，然后进入下一阶段，保留体选择如图 7-62 所示的蓝色高亮面，创建"剪切曲面7"。

40）单击【模型】→【曲面偏移】命令，将车灯上曲面偏移 0mm，勾选删除原始面，创建"曲面偏移3"，如图 7-63 所示。

41）单击【模型】→【剪切曲面】命令，工具和对象均选择"剪切曲面7"和"曲面偏移3"，选择合适的保留体，创建"剪切曲面8"，结果如图 7-64 所示。然后使用【3D草图】和【剪切曲面】等命令，对曲面进行修剪，结果如图 7-65 所示。

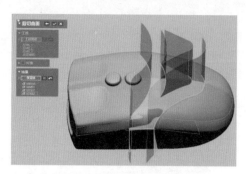

图 7-62　创建"剪切曲面7"

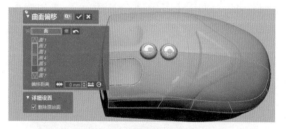

图 7-63　创建"曲面偏移3"

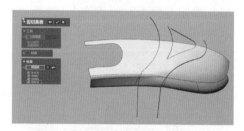

图 7-64　创建"剪切曲面8"

42）单击【模型】→【删除面】命令，弹出删除面对话框，删除如图 7-66 所示的两个曲面。

图 7-65　曲面修剪

图 7-66　删除面

43）单击【模型】→【曲面放样】命令，轮廓选择如图 7-67 所示的边界线，起始约束和终止约束均选择与面相切，创建"放样5"。

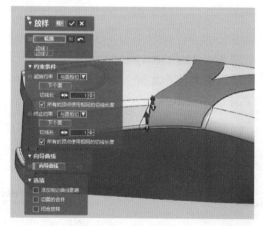

图 7-67　创建"放样5"

注意：若边界线分段不适合放样，可采用【3D草图】和【分割面】等命令对边界线进行合理分段。

44）使用【延长曲面】、【曲面偏移】和【剪切曲面】等命令对如图 7-68 所示的空洞进行填补。

45）使用【面填补】等命令对图 7-66 中第二个删除面处形成的空洞进行填补，结果如图 7-69 所示。

图 7-68 空洞

图 7-69 填补结果

46）单击【模型】→【缝合】命令，弹出缝合对话框，选择全部进行曲面缝合，如图 7-70 所示。若修剪后的曲面体之间无交叉或者缝隙，软件会自动生成实体。

47）单击【模型】→【镜像】命令，弹出镜像对话框，对称平面选择"前面"，镜像出车灯另一半，如图 7-71 所示。

48）单击【模型】→【布尔运算】命令，弹出布尔运算对话框，使用合并方法，选择全部实体进行合并，如图 7-72 所示。

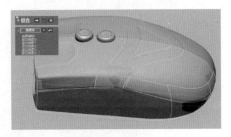

图 7-70 缝合

图 7-71 镜像

图 7-72 合并实体

49）单击【草图】→【面片草图】命令，以"上面"为基准平面，使用【圆】命令创建"面片草图 7"，如图 7-73 所示。

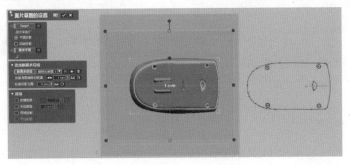

图 7-73 创建"面片草图 7"

50）单击【模型】→【实体拉伸】命令，将"面片草图7"双向拉伸5mm，和主体切割，创建"拉伸6"，如图7-74所示。

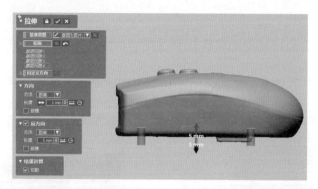

图 7-74　创建"拉伸6"

51）单击【草图】→【面片草图】命令，以"上面"为基准平面，使用【直线】和【3点圆弧】等命令创建"面片草图8"，如图7-75所示。

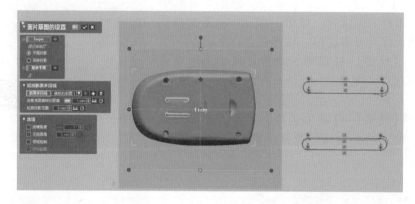

图 7-75　创建"面片草图8"

52）单击【模型】→【实体拉伸】命令，将"面片草图8"正向拉伸5mm，反向拉伸2.7mm，和主体合并，创建"拉伸7"，如图7-76所示。

53）自行车车灯最终模型如图7-77所示。

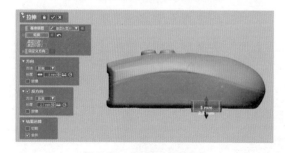

图 7-76　创建"拉伸7"

图 7-77　自行车车灯最终模型

学习活动 5　任务评价

对学习者完成的任务采用COMET能力模型进行评价。评分者按照观测评分点给学习者的测评解决方案打分。具体评价见表7-1。

表 7-1 基于 COMET 能力测评评价表

序号	评分项说明	完全不符合	基本不符合	基本符合	完全符合
1	自行车车灯逆向建模的表述是否容易理解？				
2	描述解决方案的条理是否清晰？				
3	是否直观形象地说明了任务的解决方案(如:用图、表)？				
4	此解决方案的层次结构是否分明？				
5	此解决方案是否与专业规范或技术标准相符合(从理论、实践等)？				
6	自行车车灯逆向建模的方案是否满足功能性要求？				
7	自行车车灯逆向建模的方案是否合理？				
8	此建模方案是否容易实施？				
9	表述的解决方案是否正确？				

学习活动 6 人物风采

"以诚为本"创业成功典范——玻璃大王曹德旺

"我很像《贫民窟的百万富翁》里的那个主人公。"曹德旺曾这样形容自己。他是国内的"玻璃大王"和"慈善大王"，9 岁才上学，到 14 岁就被迫辍学。为了谋生，曹德旺在街头卖过烟丝、贩过水果、拉过板车、修过自行车，经年累月一日两餐食不果腹，在歧视者的白眼下艰难谋生，尝遍了常人难以想象的艰辛。早年的这些苦难，让曹德旺过早地体会到了人世间的冷暖，也磨砺了他坚韧的性格。他坚信，靠勤劳的双手能改变命运，他要让全家人"把日子过得好一点"。

1976 年，曹德旺开始在福清市高山镇异形玻璃厂当采购员，他的工作是为这家乡镇企业推销水表玻璃。1983 年，曹德旺承包了这家连年亏损的乡镇小厂，赚到人生第一桶金。1985 年，曹德旺带领企业将主业迅速转向汽车玻璃，彻底改变了中国汽车玻璃市场 100% 依赖进口的历史。1987 年，福耀玻璃有限公司成立。1993 年，福耀玻璃登陆国内 A 股，是中国第一家引入独立董事的公司，也是中国股市唯一一家现金分红是募集资金高达 7 倍的上市公司。

2001—2005 年，曹德旺带领福耀团队艰苦奋战，历时数年，花费一亿多元，相继打赢了加拿大和美国两个反倾销官司，震惊世界。福耀玻璃也成为中国第一家状告美国商务部并赢得胜利的中国企业。2009 年 5 月 30 日，曹德旺获得了有着企业界奥斯卡之称的"安永全球企业家大奖"，这也是该奖项设立以来，首位华人企业家获此殊荣，授予历年来全球最成功及最富创新精神的杰出企业家。福耀玻璃集团目前是中国第一、世界第二大汽车玻璃制造商。

在这二十多年的企业家生涯中，曹德旺认为自己的成功，最大的经验就是做事如同做人，不论做人做事，还是做产品，都要始终"以诚为本"。

学习活动 7 拓展资源

1. 自行车车灯三维扫描和数模重构 PPT。
2. 自行车车灯三维扫描和 CAD 数模重构微课。
3. 自行车车灯 STL 数据。
4. 自行车车灯 WRP 数据。
5. 课后练习。

7-1-1 自行车车灯三维扫描和 CAD 数模重构微课

任务二 翼子板的三维扫描和缺陷修复

学习活动1 学习目标

技能目标:

(1) 能够使用手持激光扫描仪完成翼子板的三维扫描。

(2) 能够分析翼子板的损坏部位并制订修复方案。

(3) 能够使用 Geomagic Wrap 软件完成翼子板的三维数据修复。

知识目标:

(1) 掌握使用手持激光扫描仪进行翼子板三维扫描的策略和步骤。

(2) 掌握使用 Geomagic Wrap 软件进行翼子板三维数据修复的基本流程。

素养目标:

(1) 培养平和专注、磨砺精进的工匠精神。

(2) 培养苦干、实干、能干、巧干的优秀品质。

(3) 通过采用 COMET 能力模型对学习者提出要求,提升学习者的综合职业能力。

学习活动2 任务描述

某汽车厂近期需要一个三维数据化翼子板产品,展示出翼子板的完整外观,但该产品已有部分位置损坏,所以要求我们扫描完整数据并进行修复。请问:如何扫描完整数据并进行修复?

学习活动3 任务分析

要得到翼子板的完整数据,拟采用手持激光扫描仪 BYSCAN750LE 来完成。翼子板基本全是曲面,容易变形,因此只扫描单面,再进行数据修复。翼子板损坏部分的数据也先删除,再通过周围数据进行拟合来修复。另外,翼子板有些面内凹,正常角度无法进行扫描,因此可以借助外置的不易动的物体辅助扫描。在辅助物体上贴点,放置在内凹面下方,不与翼子板接触,这时可借助辅助物体上的点将翼子板的内凹面扫描到。

学习活动4 任务实施

(1) 扫描前处理 由于翼子板无特殊材质,反光程度不高,所以扫描之前不需要做特殊处理,直接粘贴标记点即可,如图7-78所示。

(2) 扫描标记点 打开 ScanViewer 扫描软件,进行如图7-79所示的扫描参数设置。解析度值设置为0.350,激光曝光值设置为3.00,选择标记点,在高级参数设置中,根据所粘贴的标记点型号勾选1.43mm。

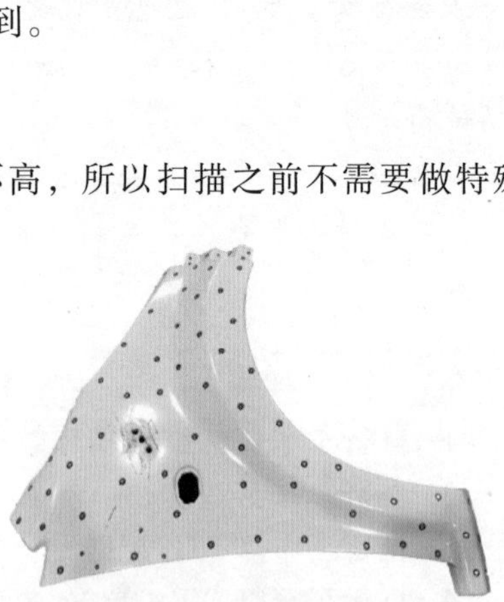

将翼子板垫高,周围一圈悬空,手持扫描仪正对翼子板,按下开关键开始扫描标记点,如图7-80所示为扫描标记点时的场景。标记点扫描完毕后,关闭光源,再单击【扫描】→【优化】命令,对标记点数据进行优化。

图 7-78 扫描前处理

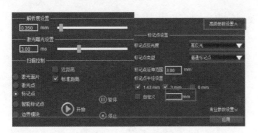

图 7-79　扫描参数设置

（3）扫描翼子板　在图 7-79 中选择激光面片，然后单击【开始】按钮，进入多条激光（红色）模式。将扫描仪正对翼子板，距离为 300mm 左右，按下开关键开始扫描，如图 7-81 所示。

（4）删除体外数据　扫描完成后，选中与翼子板无关的数据，然后按下键盘上的 <Delete> 键将其删除，如图 7-82 所示。

图 7-80　扫描标记点

图 7-81　扫描翼子板

图 7-82　删除体外数据

（5）网格化并保存数据　单击【点】→【网格化】命令，保持默认设置参数，确定后得到翼子板的网格数据，如图 7-83 所示。然后单击工程选项卡中的【保存】→【网格文件】命令，保存翼子板的 STL 数据文件。

（6）数据导入　将翼子板的 STL 文件直接拖入到 Geomagic Wrap 软件中，完成数据导入，如图 7-84 所示。

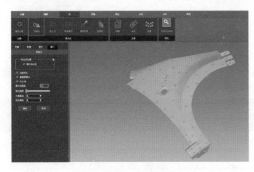

图 7-83　网格化

图 7-84　数据导入

（7）多边形处理　首先单击【多边形】→【流形】命令，自动计算，去掉一些与主体不相连的细小片体，如图 7-85 所示。然后单击【多边形】→【删除钉状物】命令，自动计算，去掉一些细小突出类似钉子的三角面片。

（8）缺陷修复　图 7-83 的网格数据存在三处损坏孔洞，图 7-85 中也存在孔洞，如果不修

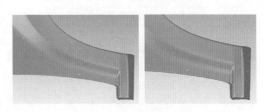

图 7-85　流形

复就进行数模重构会影响到该曲面的建模精度，使部分数据失真，从而导致曲面建模较差、不理想等情况，因此需要对翼子板的曲面进行缺陷修复。

1）去除变形孔洞的边缘数据。单击【选择】→【选择边界】命令，弹出选择边界对话框，选取要删除孔洞的边缘，可根据情况通过【扩展】命令扩大选取，如图7-86所示。选择完成后先单击【应用】再单击【确定】按钮，然后按<Delete>键即可有效去除变形孔洞的边缘数据。

2）填充孔。单击【多边形】→【填充单个孔】命令，若孔洞周围的数据较好，可直接选择曲面方式进行填充。填充孔后观察，若效果不好，可将曲面方式更改为切线方式，如图7-87所示。

图 7-86 选择边界

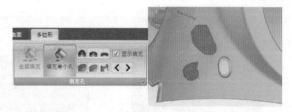

图 7-87 填充单个孔

3）网格医生。单击【多边形】→【网格医生】命令，弹出网格医生对话框，类型选择自动修复，先单击【应用】再单击【确定】按钮，对网格内的缺陷进行自动修复，如图7-88所示。

（9）保存数据 单击【保存】命令，弹出保存对话框，将翼子板数据保存为STL格式。

图 7-88 网格医生

学习活动 5 任务评价

对学习者完成的任务采用COMET能力模型进行评价。评分者按照观测评分点给学习者的测评解决方案打分。具体评价见表7-2。

表 7-2 基于 COMET 能力测评评价表

序号	评分项说明	完全不符合	基本不符合	基本符合	完全符合
1	对汽车厂来说，修复翼子板解决方案的表述是否合理？				
2	对技术人员来说，是否恰当地描述了解决方案？				
3	是否直观形象地说明了任务的解决方案(如：用图、表)？				
4	解决方案的层次结构是否分明？描述解决方案的条理是否清晰？				
5	解决方案是否与专业规范或技术标准相符合(从理论、实践、制图、数学和语言等)？				
6	解决方案是否满足产品外观修复要求？				
7	解决方案是否达到"技术先进水平"？				
8	解决方案是否可以实施？				
9	表述的解决方案是否正确？				
10	是否考虑到实施方案的过程的效率？				

学习活动 6　人物风采

技能大赛走出来的全国五一劳动奖章获得者——陈行行

2006 年 9 月，17 岁的陈行行来到山东技师学院，正好赶上国家六部委举办第二届全国数控技能大赛。山东技师学院 2004 级技师数控班的学生卜祥斌获得了高技学生组数控车第三名的好成绩，这也是山东省第一次在全国数控技能大赛上取得如此优异的成绩！一时间，媒体报道、电视台采访、学校宣传，卜祥斌成了技术成才的榜样！这一切，陈行行都默默地记在了心里，他暗暗下定决心：要努力学习技术，像卜祥斌一样，实现技术的突破和自我的超越！

2008 年春节后刚开学，担任数控教学的练军峰老师就告诉同学们，第三届全国数控技能大赛即将举办。"这是一次很难得的机会，我应该好好把握住。"陈行行停掉了手上所有的兼职工作，全身心投入到数控大赛的准备中。

"你就别做梦了，你算算我们学校数控班有多少学生，有 5000 多人！而且我们学的还不是数控专业，是模具专业。我们才刚刚开始学习数控，有的年级都学了三年，在企业实习半年多了，你怎么能比得过别人呢？"听说他要参加大赛，有的同学给他泼冷水，"即便是你能代表学校参加比赛，整个山东省那么大，那么多学校，你能拿到名次吗？"

"不在乎别人说什么，确定目标，十倍努力，我能行！"千里之行，始于足下。就这样，陈行行把全部的业余时间都留给了大赛。只要没课，陈行行就"长"在机房里，从早上机房开门，到晚上机房关门：练习仿真、练习手工编程、练习历届数控大赛的试题……功夫不负有心人，经过半年多的刻苦训练，陈行行以仅比第一名低 0.6 分的总成绩，获得第三届全国数控技能大赛山东选拔赛高技学生组加工中心第二名。对于这个成绩，陈行行并不满意。"只要化坎坷为动力，就一定能够成功！"

2010 年下半年，第四届全国数控技能大赛拉开了帷幕。这一次，陈行行相继获得了济南选拔赛职工组加工中心第一名、山东选拔赛职工组加工中心第一名、全国总决赛职工组加工中心第四名。也因为成绩优异，他被中国工程物理研究院机械制造工艺研究所录用。"比赛是我们技能人员一个快速成长的通道。"从 2008 年至今，陈行行先后参加了十余次各级别、各层次的职业技能大赛，比赛不仅让他成长，也让他有幸进入到中国工程物理研究院机械制造工艺研究所，从事高精尖产品的工作。

在中国工程物理研究院机械制造工艺研究所工会与人事教育处的支持下，经过层层选拔，陈行行成功入选参加第六届全国数控技能大赛。在这次全国大赛中，陈行行顺利荣获加工中心（四轴）赛项职工组第一名，被中华全国总工会授予全国五一劳动奖章。

学习活动 7　拓展资源

1. 翼子板的三维扫描和缺陷修复 PPT。
2. 翼子板的扫描策略微课。
3. 翼子板的数据采集与修复策略微课。
4. 翼子板的三维扫描与缺陷修复视频。
5. 翼子板的三维数据修复技巧微课。
6. 翼子板的 STL 数据。
7. 课后练习。

7-2-1　翼子板的扫描策略微课

7-2-2　翼子板的数据采集与修复策略微课

7-2-3　翼子板的三维扫描和缺陷修复视频

7-2-4　翼子板的三维数据修复技巧微课

任务三　点火枪喷头逆向造型和创新设计

学习活动 1　学习目标

技能目标：

（1）能够使用 Geomagic Design X 软件完成点火枪喷头的逆向造型。

（2）能够根据点火枪喷头的逆向造型数据，使用 NX 软件进行创新设计。

知识目标：

（1）掌握使用 Geomagic Design X 软件进行点火枪喷头逆向造型的思路和方法。

（2）掌握使用 NX 软件进行点火枪喷头创新设计的方法。

素养目标：

（1）培养热爱祖国、精忠报国的爱国主义精神。

（2）培养不为名利、忠厚平实、真诚坦荡的优秀品质。

（3）通过采用 COMET 能力模型对学习者提出要求，提升学习者的综合职业能力。

学习活动 2　任务描述

为提高品牌竞争力，某公司准备对现有点火枪喷头进行创新设计，目前已有点火枪喷头的 STL 数据，现在需要根据点火枪喷头的 STL 数据，利用软件进行逆向造型，造型完成后再创新设计。请问：如何对点火枪喷头进行逆向造型和创新设计？

学习活动 3　任务分析

要想根据点火枪喷头的 STL 数据进行逆向造型，可通过 Geomagic Design X 软件来完成，得到模型的 STP 实体数据，然后可将 STP 数据导入 NX 设计软件，进行进一步的创新设计。创新设计思路如下：点火枪喷头没有手柄，如果长时间拿着工作会很累，因此拟设计一个手柄，方便拿和携带；使用完后点火枪喷头的存放也是一个问题，因此拟设计一个挂孔，这个挂孔可以穿绳子，每次使用完后可以将点火枪喷头挂起来。

学习活动 4　任务实施

一、点火枪喷头逆向造型

1. 导入数据

单击【初始】→【导入】命令，在弹出的导入对话框中选择点火枪喷头 STL 面片文件，单击【仅导入】按钮完成数据导入操作，结果如图 7-89 所示。

2. 坐标对齐

1）单击【领域】→【自动分割】命令，弹出自动分割对话框，敏感度值设置为 65，单击确定进行领域自动分割计算，结果如图 7-90 所示。

2）单击【模型】→【平面】命令，弹出追加平面对话框，方法选择提取，要素选择如图 7-91 所示的领域，单击确定创建"平面 1"。

图 7-89　点火枪喷头 STL 数据

图 7-90　自动分割领域

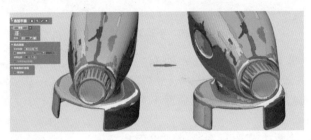

图 7-91　创建"平面 1"

3）单击【模型】→【线】命令，弹出添加线对话框，方法选择检索圆柱轴，要素选择如图 7-92 所示的圆柱领域，约束条件选项勾选固定轴，选择使用指定方向，方向选择"平面 1"，单击确定创建"线 1"。

这里可用底部工具条中的【测量角度】命令来检验角度，方法选择平面—线，选择之前创建的"平面 1"和"线 1"，若角度是 90°，则没有问题，如图 7-93 所示。

4）单击【模型】→【线】命令，方法选择检索圆柱轴，要素选择圆柱领域，单击确定创建"线 2"，如图 7-94 所示。

图 7-92　创建"线 1"

图 7-93　测量角度

图 7-94　创建"线 2"

5）单击【对齐】→【手动对齐】命令，弹出手动对齐对话框，选择点火枪喷头面片模型后进入下一阶段。选择 X-Y-Z 方式，参数设置如图 7-95 所示，即位置为按住<Ctrl>键选择

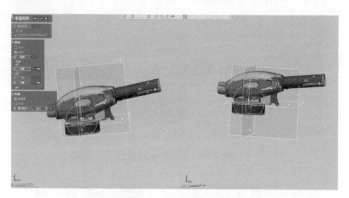

图 7-95　手动对齐设置

"平面 1"和"线 1"，X 轴为"线 2"，Z 轴为"线 1"。确定之后检查一下对齐效果，如图 7-96 所示，若没有问题，可将之前所做的面与线删除或隐藏，后面不再使用。

3. 底座建模

1）单击【草图】→【面片草图】命令，弹出面片草图的设置对话框，选择平面投影方式，以"前面"为基准平面，由基准平面偏移的距离值设置为 5mm，方向反转，单击确定进入面片草图绘制界面。关闭领域和面片显示后，使用【圆】命令，创建"面片草图 1"，如图 7-97 所示。

2）单击【模型】→【实体拉伸】命令，弹出拉伸对话框，将"面片草图 1"反向拉伸 17.35mm，创建"拉伸1"，如图 7-98 所示。

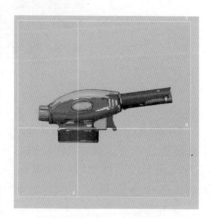

图 7-96　坐标对齐结果

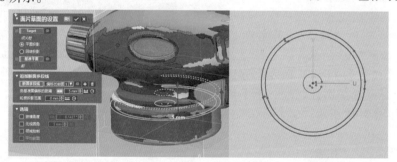

图 7-97　创建"面片草图 1"

图 7-98　创建"拉伸 1"

3）单击【模型】→【拔模】命令，弹出拔模对话框，选择基准平面拔模方式，基准平面选择如图 7-99 所示的蓝色高亮面，拔模面选择淡绿色外圆柱面，角度值设置为 0.6°，单击确定完成外圆柱面拔模，创建"拔模 1"。同样的方法可完成内圆柱面拔模，创建"拔模 2"，如图 7-100 所示。

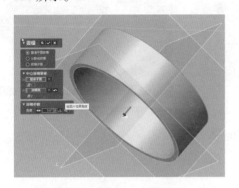

图 7-99 创建"拔模 1"

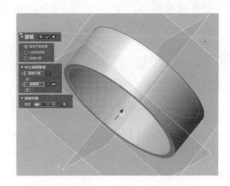

图 7-100 创建"拔模 2"

注意：确定拔模角度时，可开启【体偏差】命令进行观察，选取最合适的拔模角度，如图 7-101 所示。

4）单击【草图】→【草图】命令，弹出设置草图对话框，基准平面选择图 7-102 所示的蓝色高亮面，单击确定进入草图绘制界面。然后单击【转换实体】命令，将图中外圆边线转换为草图要素，创建"面片草图 2"。

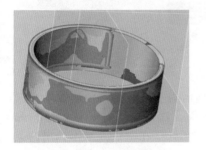

图 7-101 体偏差检查

图 7-102 创建"面片草图 2"

5）单击【模型】→【实体拉伸】命令，将"草图 2"反向拉伸 2mm 和主体合并，创建"拉伸 2"，如图 7-103 所示。

6）单击【草图】→【面片草图】命令，以上一步拉伸出的底面为基准平面，由基准平面偏移的距离值设置为 1mm，轮廓投影范围值设置为 1mm，截取到尽量完整的轮廓截面，单击确定进入草图绘制界面。然后使用【直线】、【3 点圆弧】和【智能尺寸】等命令，创建"面片草图 3"，如图 7-104 所示。

7）单击【模型】→【实体拉伸】命令，将"面片草图 3"拉伸 1.4mm 和主体合并，创建"拉伸 3"，如图 7-105 所示。

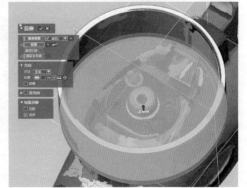

图 7-103 创建"拉伸 2"

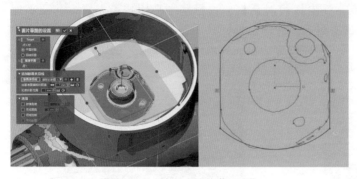

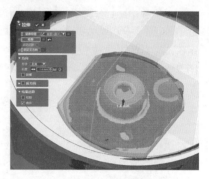

图 7-104　创建"面片草图 3"　　　　　　　图 7-105　创建"拉伸 3"

8）单击【草图】→【面片草图】命令，以"拉伸 3"的顶面为基准平面，由基准平面偏移的距离值设置为 1mm，单击确定进入草图绘制界面。然后使用【圆】命令，创建"面片草图 4"，如图 7-106 所示。

9）单击【模型】→【实体拉伸】命令，将"面片草图 4"拉伸 3.7mm，拔模 1°，和主体合并，创建"拉伸 4"，如图 7-107 所示。

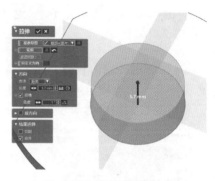

图 7-106　创建"面片草图 4"　　　　　　　图 7-107　创建"拉伸 4"

10）单击【草图】→【面片草图】命令，以"拉伸 4"的顶面为基准平面，由基准平面偏移的距离值设置为 1.3，方向反转，单击确定进入草图绘制界面。然后使用【转换实体】和【圆】命令绘制两个圆，并按住<Shift>键选中两圆，且<Shift>键不松手在空白处双击弹出约束条件对话框后，设置约束条件为同心，创建"面片草图 5"，如图 7-108 所示。

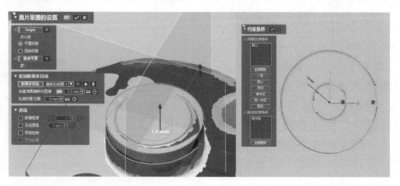

图 7-108　创建"面片草图 5"

11）单击【模型】→【实体拉伸】命令，将"面片草图 5"的内圆轮廓反向拉伸 4mm，拔模 1°，和主体切割，创建"拉伸 5"，如图 7-109 所示。

12）单击【模型】→【拔模】命令，选择基准平面拔模方式，基准平面选择如图 7-110 所示的蓝色高亮面，拔模面选择"拉伸 3"的四个侧面，角度值设置为 0.5°，反转方向，创建"拔模 3"。

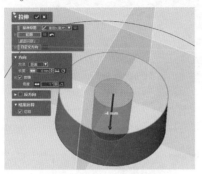
图 7-109 创建"拉伸 5"

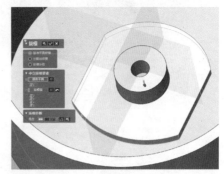
图 7-110 创建"拔模 3"

13）单击【草图】→【面片草图】命令，以"拉伸 1"的底面为基准平面，由基准平面偏移的距离值设置为 14.2mm，方向反转，能截到缺口处的数据即可，单击确定进入草图绘制界面。然后使用【直线】命令，创建"面片草图 6"，如图 7-111 所示。

14）单击【模型】→【实体拉伸】命令，将"面片草图 6"反向拉伸 14.4mm 和主体切割，创建"拉伸 6"，如图 7-112 所示。

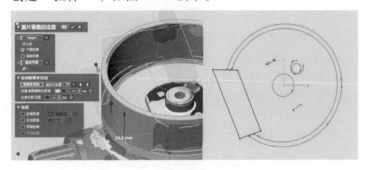
图 7-111 创建"面片草图 6"

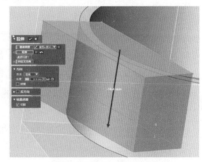
图 7-112 创建"拉伸 6"

15）单击【模型】→【拔模】命令，选择基准平面拔模方式，基准平面选择如图 7-113 所示的淡绿色面，拔模面选择两个侧面，角度值设置为 0.5°，创建"拔模 4"。

16）单击【模型】→【圆角】命令，弹出圆角对话框，对大圆柱顶边线进行半径为 3mm 的倒圆角操作，如图 7-114 所示，再用相同的方式完成如图 7-115 所示的圆角，然后按照顺序完成如图 7-116 所示的圆角。

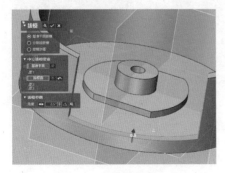
图 7-113 创建"拔模 4"

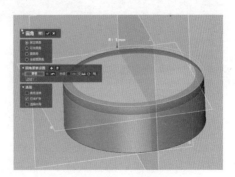
图 7-114 圆角 1

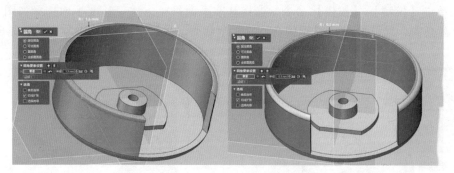

图 7-115　圆角 2 和圆角 3

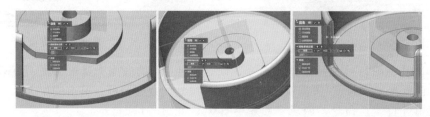

图 7-116　圆角 4、圆角 5 和圆角 6

17）至此底座特征创建完成，如图 7-117 所示。

4. 喷头主体建模

1）单击【模型】→【面片拟合】命令，弹出面片拟合对话框，选择如图 7-118 所示的领域部分，创建"面片拟合 1"，注意要尽量选择大体在一个曲面上的领域，以提高拟合精度。同样的方法选择如图 7-119 所示的领域部分，创建"面片拟合 2"。

2）单击【模型】→【平面】命令，用绘制直线的方式，在合适的视角下于两面片相交处绘制一条直线，创建"平面 1"，如图 7-120 所示。继续使用【平面】命令，用偏移方式创建距离"平面 1"为 4mm 的"平面 2"，如图 7-121 所示。

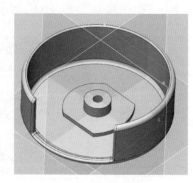

图 7-117　底座特征

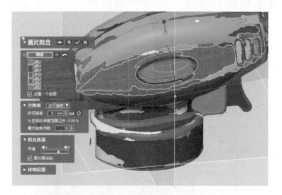

图 7-118　创建"面片拟合 1"

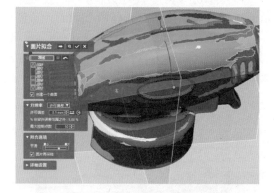

图 7-119　创建"面片拟合 2"

3）单击【模型】→【剪切曲面】命令，弹出剪切曲面对话框，工具选择"平面 1"和"平面 2"，对象选择"面片拟合 1"和"面片拟合 2"，然后进入下一阶段，保留体选择如图 7-122 所示的蓝色高亮面，创建"剪切曲面 1"。

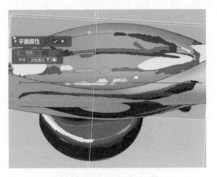

图 7-120 创建"平面 1"

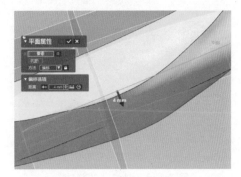

图 7-121 创建"平面 2"

4）单击【草图】→【面片草图】命令，以"上面"为基准平面创建"面片草图 7"，如图 7-123 所示。

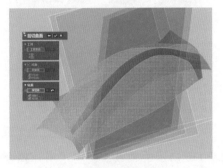

图 7-122 创建"剪切曲面 1"

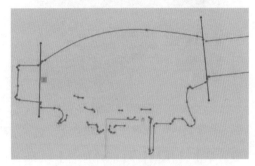

图 7-123 创建"面片草图 7"

5）单击【模型】→【曲面拉伸】命令，将"面片草图 7"对称拉伸 80mm，创建"拉伸 7"，如图 7-124 所示。

6）单击【模型】→【剪切曲面】命令，工具选择"拉伸 7"的两个面，对象选择"剪切曲面 1"的两个面，保留体选择如图 7-125 所示的蓝色高亮面，创建"剪切曲面 2"。

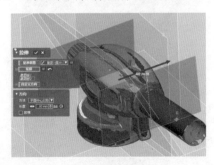

图 7-124 创建"拉伸 7"

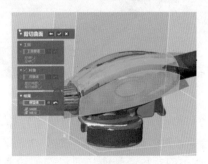

图 7-125 创建"剪切曲面 2"

7）单击【模型】→【曲面放样】命令，弹出放样对话框，轮廓选择如图 7-126 所示的两个边线，起始约束和终止约束均选择与面相切，创建"放样 1"。若是完成后放样面与其他面显示不同颜色，代表法线方向相反，可使用【模型】→【反转法线】命令将法线方向反转，如图 7-127 所示。

8）单击【模型】→【面片拟合】命令，选择如图 7-128 所示的领域，创建"面片拟合 3"。再使用和创建"平面 1"和"平面 2"相同的方法创建"平面 3"和"平面 4"，如图 7-129 所示。

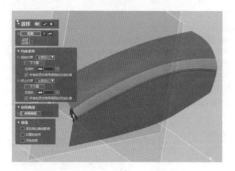

图 7-126　创建"放样 1"

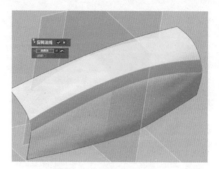

图 7-127　反转法线

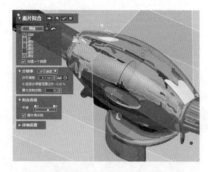

图 7-128　创建"面片拟合 3"

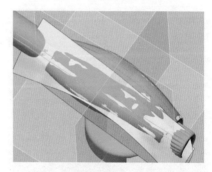

图 7-129　创建"平面 3"和"平面 4"

9）单击【模型】→【面片拟合】命令，选择如图 7-130 所示的领域，创建"面片拟合 4"。再用和前面相同的方法创建"平面 5"和"平面 6"，如图 7-131 所示。

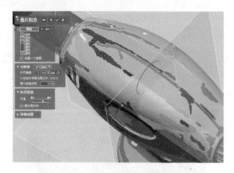

图 7-130　创建"面片拟合 4"

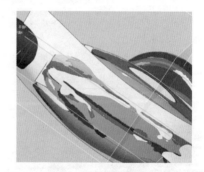

图 7-131　创建"平面 5"和"平面 6"

10）单击【模型】→【剪切曲面】命令，工具选择"平面 5"和"平面 6"，对象选择"面片拟合 4"和"剪切曲面 2"的一个面，保留体选择如图 7-132 所示的蓝色高亮面，创建"剪切曲面 3"。

11）继续以"拉伸 7"的两个面剪切"面片拟合 3"和修剪过的"面片拟合 4"，创建"剪切曲面 4"，如图 7-133 所示。再以"平面 3"和"平面 4"剪切修剪过的"面片拟合 3"和"面片拟合 4"，创建"剪切曲面 5"，如图 7-134 所示。

12）单击【模型】→【曲面放样】命令，创建"放样 2"和"放样 3"，将前面形成的两处空缺补全，如图 7-135 所示。

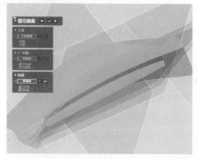

图 7-132　创建"剪切曲面 3"

图 7-133 创建"剪切曲面 4" 图 7-134 创建"剪切曲面 5" 图 7-135 创建"放样 2"和"放样 3"

13）单击【模型】→【面片拟合】命令，选择如图 7-136 所示的领域，创建"面片拟合 5"。再用和前面相同的方法创建"平面 7"和"平面 8"，如图 7-137 所示。

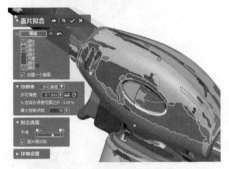
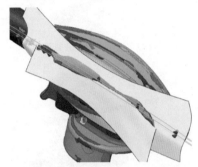

图 7-136 创建"面片拟合 5" 图 7-137 创建"平面 7"和"平面 8"

14）先用"平面 7"和"平面 8"，再用"拉伸 7"分别对相应曲面进行修剪，创建"剪切曲面 6"和"剪切曲面 7"，结果如图 7-138 所示。然后通过【曲面放样】命令创建"放样 4"，将空缺处补全，如图 7-139 所示。

图 7-138 创建"剪切曲面 6"和"剪切曲面 7" 图 7-139 创建"放样 4"

15）单击【模型】→【面片拟合】命令，选择如图 7-140 所示的领域，创建"面片拟合 6"，选择如图 7-141 所示的领域，创建"面片拟合 7"。

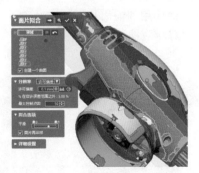

图 7-140 创建"面片拟合 6" 图 7-141 创建"面片拟合 7"

16）用"拉伸 7"修剪"面片拟合 6"和"面片拟合 7"，创建"剪切曲面 8"，如图 7-142 所示。再用和前面相同的方法创建"平面 9"和"平面 10"，如图 7-143 所示，并用这两个平面对相应曲面进行修剪，创建"剪切曲面 9"，如图 7-144 所示。然后通过【曲面放样】命令创建"放样 5"，如图 7-145 所示。

图 7-142　创建"剪切曲面 8"

图 7-143　创建"平面 9"和"平面 10"

图 7-144　创建"剪切曲面 9"

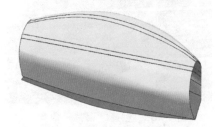

图 7-145　创建"放样 5"

17）继续用和前面相同的方法创建"平面 11"和"平面 12"，如图 7-146 所示，并用这两个平面对相应曲面进行修剪，创建"剪切曲面 10"，如图 7-147 所示。然后通过【曲面放样】命令创建"放样 6"，如图 7-148 所示。

图 7-146　创建"平面 11"
和"平面 12"

图 7-147　创建"剪切曲面 10"

图 7-148　创建"放样 6"

18）继续用和前面相同的方法创建"平面 13"和"平面 14"，如图 7-149 所示，并用这两个平面对相应曲面进行修剪，创建"剪切曲面 11"，如图 7-150 所示。然后通过【曲面放样】命令创建"放样 7"，如图 7-151 所示。

图 7-149　创建"平面 13"
和"平面 14"

图 7-150　创建"剪切曲面 11"

图 7-151　创建"放样 7"

19）通过【延长曲面】和【剪切曲面】等命令将两端进行修剪，结果如图 7-152 所示。

20）最后通过【缝合】命令将所有曲面缝合起来，结果如图 7-153 所示，缝合为实体即无问题。

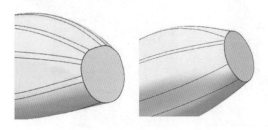

图 7-152　延长曲面和剪切曲面

图 7-153　缝合

5. 连接结构建模

1）以"前面"为基准平面，创建"面片草图 8"，如图 7-154 所示。

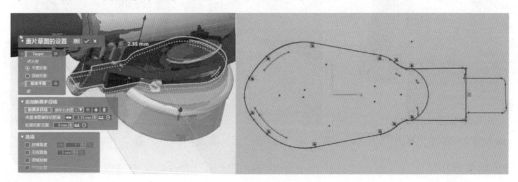

图 7-154　创建"面片草图 8"

2）将"面片草图 8"中如图 7-155 所示的部分拉伸合适的长度，和主体合并，创建"拉伸 8"。

> 注意：不要超出底座实体范围。再对下方边线做固定圆角，上方边线做可变圆角，如图 7-156 所示。

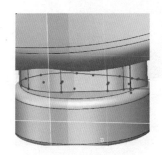

图 7-155　创建"拉伸 8"

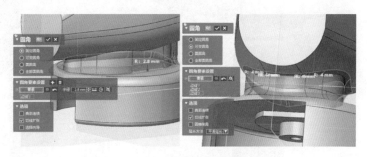

图 7-156　固定圆角和可变圆角

3）将"面片草图 8"中如图 7-157 所示的另一部分双向拉伸合适的长度，创建"拉伸 9"。然后以"拉伸 9"的侧面为基准平面创建"面片草图 9"，如图 7-158 所示，再将其实体拉伸和"拉伸 9"切割，创建"拉伸 10"，如图 7-159 所示。

4）选择如图 7-160 所示的领域，用提取的方法创建"平面 15"，再以此平面为基准平面创建"面片草图 10",如图 7-161 所示,然后将其实体拉伸和主体合并,创建"拉伸 11",如图 7-162 所示。

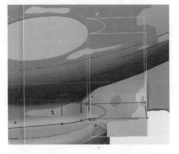

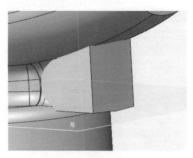

图 7-157　创建"拉伸 9"　　　图 7-158　创建"面片草图 9"　　　图 7-159　创建"拉伸 10"

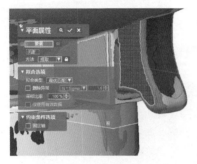
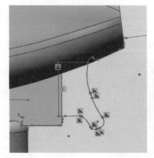
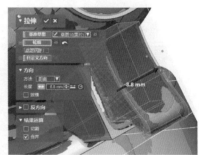

图 7-160　创建"平面 15"　　　图 7-161　创建"面片草图 10"　　　图 7-162　创建"拉伸 11"

5)将所有实体通过【布尔运算】命令合并为一个实体,并且将圆角做出,如图 7-163 所示。

6. 枪管等建模

1)以喷头端面为基准平面创建"面片草图 11",如图 7-164 所示,再据此端面偏移出"平面 16",如图 7-165 所示,然后以"平面 16"为基准平面创建"面片草图 12",如图 7-166 所示。

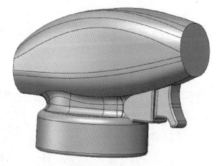

图 7-163　连接结构特征　　　　　　图 7-164　创建"面片草图 11"

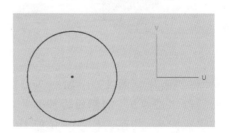

图 7-165　创建"平面 16"　　　　　　图 7-166　创建"面片草图 12"

2）使用【实体放样】命令，在"面片草图 11"和"面片草图 12"之间进行放样，创建"放样 8"，如图 7-167 所示，再使用【移动面】命令将前端面移动 13.5mm，如图 7-168 所示，然后使用【壳体】命令，将枪管抽壳 1mm，并和枪体布尔运算合并，如图 7-169 所示。

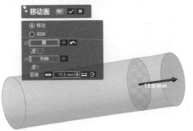

图 7-167　创建"放样 8"　　　　图 7-168　移动面　　　　图 7-169　壳体

3）以"上面"为基准平面创建"面片草图 13"，如图 7-170 所示，然后使用【实体回转】命令完成实体创建，如图 7-171 所示。

4）使用【线】命令的检索圆柱轴方法，选择上步的圆柱面创建"线 1"，如图 7-172 所示。

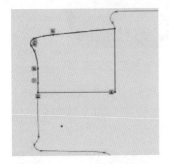

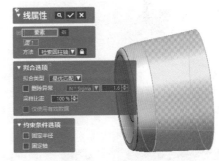

图 7-170　创建"面片草图 13"　　　图 7-171　实体回转　　　　图 7-172　创建"线 1"

5）以"上面"为基准平面创建"面片草图 14"，如图 7-173 所示，再进行实体拉伸，创建"拉伸 12"，如图 7-174 所示，然后进行合适的倒圆角操作，如图 7-175 所示。

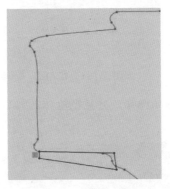

图 7-173　创建"面片草图 14"　　　图 7-174　创建"拉伸 12"　　　图 7-175　倒圆角

6）将"拉伸 12"以"线 1"为中心圆形阵列 24 个，并且和主体布尔运算切割，如图 7-176 所示。

7）将"上面"偏移 25mm 创建"平面 17"，如图 7-177 所示，再以此平面为基准平面创建"面片草图 15"，如图 7-178 所示，然后进行实体拉伸，创建"拉伸 13"，如图 7-179 所示。

图 7-176　圆形阵列和布尔运算切割

图 7-177　创建"平面 17"

图 7-178　创建"面片草图 15"

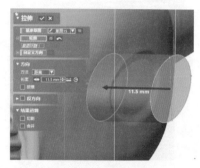

图 7-179　创建"拉伸 13"

8）选择如图 7-180 所示的领域进行面片拟合，创建"面片拟合 8"，并将其曲面延长，再以此曲面切割"拉伸 13"，保留如图 7-181 所示的蓝色高亮面，然后将其和主体布尔运算切割，如图 7-182 所示。

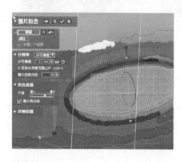

图 7-180　创建"面片拟合 8"

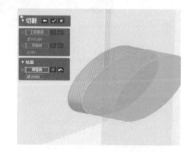

图 7-181　切割

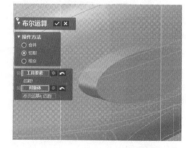

图 7-182　布尔运算切割

9）将椭圆槽进行合适的倒圆角操作，并且把枪体的另一面以相同方式做出，最后效果如图 7-183 所示。

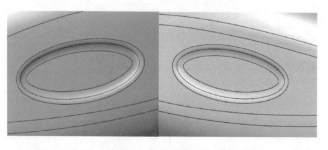

图 7-183　倒圆角

10）以"平面 17"为基准平面创建"面片草图 16"，如图 7-184 所示，然后进行实体拉伸和主体切割贯通，创建"拉伸 14"，如图 7-185 所示。

11）将所有实体通过【布尔运算】命令合并为一个实体，并且将圆角做出，最后整体效果如图 7-186 所示。

 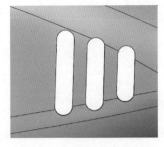 

图 7-184　创建"面片草图 16"　　图 7-185　创建"拉伸 14"　　图 7-186　点火枪喷头实体

二、点火枪喷头创新设计

1. 手柄设计

1）打开 NX 软件，单击【文件】→【导入】→【STEP214】命令，将点火枪喷头的 STP 数据导入，如图 7-187 所示。

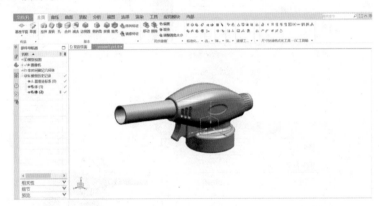

图 7-187　STP 数据导入

2）单击【草图】命令，弹出创建草图对话框，按图 7-188 所示的步骤进行操作。

图 7-188　创建草图

3）单击【直线】命令，弹出直线对话框，绘制如图 7-189 所示的直线。

4）单击【拉伸】命令，弹出拉伸对话框，按图 7-190 所示的步骤进行操作。

5）单击【草图】命令，弹出创建草图对话框，按图 7-191 所示的步骤进行操作。

6）单击【圆】命令，弹出圆对话框，绘制如图 7-192 所示的圆。

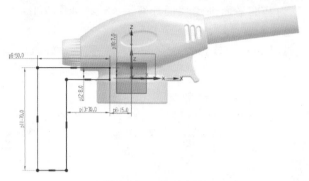

图 7-189　绘制直线

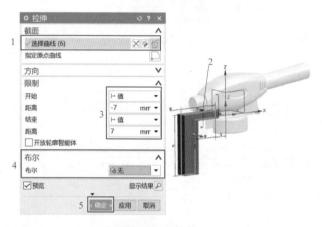

图 7-190　拉伸

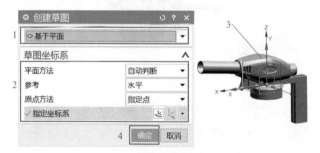

图 7-191　创建草图

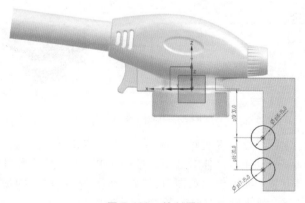

图 7-192　绘制圆

7）单击【拉伸】命令，弹出拉伸对话框，按图 7-193 所示的步骤进行操作。

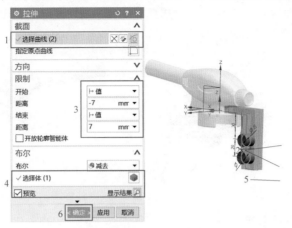

图 7-193　拉伸减去

8）单击【边倒圆】命令，弹出边倒圆对话框，按图 7-194 所示的步骤进行操作。以同样的方法创建其他圆角，如图 7-195 和图 7-196 所示。

图 7-194　边倒圆

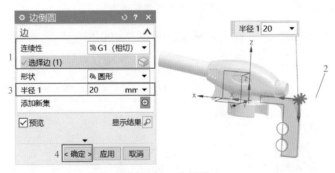

图 7-195　边倒圆 1

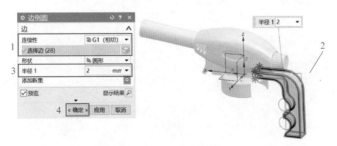

图 7-196　边倒圆 2

9）单击【合并】命令，弹出合并对话框，按图 7-197 所示进行操作。

10）选中所有的曲线，单击鼠标右键选择【隐藏】，或按<Ctrl>+B 键将选中的曲线隐藏，如图 7-198 所示，手柄设计完成。

图 7-197　合并　　　　　　　　　　　图 7-198　手柄设计

2. 挂孔设计

1）单击【草图】命令，弹出创建草图对话框，按图 7-199 所示的步骤进行操作。

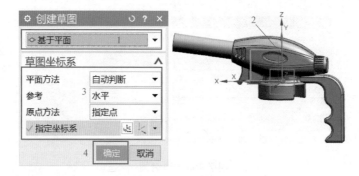

图 7-199　创建草图

2）单击【直线】命令，弹出直线对话框，按图 7-200 所示绘制直线；单击【圆】命令，弹出圆对话框，按图 7-200 所示绘制圆。

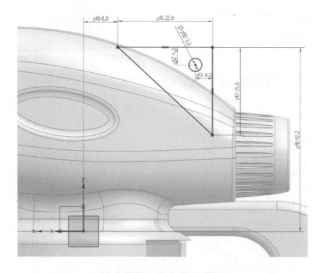

图 7-200　绘制直线和圆

3）单击【拉伸】命令，弹出拉伸对话框，按图 7-201 所示的步骤进行操作。

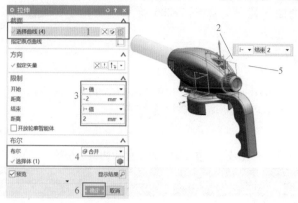

图 7-201　拉伸

4）单击【边倒圆】命令，弹出边倒圆对话框，按图 7-202 所示的步骤进行操作。以同样的方法创建其他圆角，如图 7-203 和图 7-204 所示。

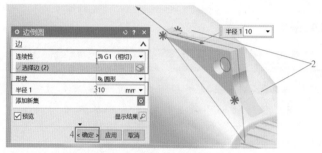

图 7-202　边倒圆 1

图 7-203　边倒圆 2

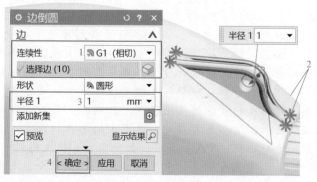

图 7-204　边倒圆 3

5）选中所有的曲线，单击鼠标右键选择【隐藏】，或按<Ctrl>+B 键将选中的曲线隐藏，如图 7-205 所示，挂孔设计完成。

学习活动 5　任务评价

对学习者完成的任务采用 COMET 能力模型进行评价。评分者按照观测评分点给学习者的测评解决方案打分。具体评价见表 7-3。

图 7-205　挂孔设计

表 7-3　基于 COMET 能力测评评价表

序号	评分项说明	完全不符合	基本不符合	基本符合	完全符合
1	点火枪喷头逆向造型精度是否达到要求？				
2	逆向造型过程中尺寸是否规整？				
3	点火枪喷头特征逆向造型是否正确？				
4	创新设计是否满足功能性要求？				
5	创新设计是否达到"技术先进水平"？				

学习活动 6　人物风采

视名利如粪土，许身国威壮河山——两弹一星功勋邓稼先

1958 年秋，二机部副部长钱三强找到邓稼先，说"国家要放一个'大炮仗'"，征询他是否愿意参加这项必须严格保密的工作。邓稼先义无反顾地同意了，回家后对妻子只说自己"要调动工作"，不能再照顾家和孩子，通信也困难。从小受爱国思想熏陶的妻子明白，丈夫肯定是从事对国家有重大意义的工作，表示坚决支持。从此，邓稼先的名字便在刊物和对外联络中消失，他的身影只出现在严格警卫的深院和大漠戈壁。

中国研制原子弹正值三年困难时期，尖端领域的科研人员虽有较高的粮食定量，却因缺乏油水，仍经常饥肠响如鼓。邓稼先从岳父那里能多少得到一点粮票的支援，却都用来买饼干之类，在工作紧张时与同事们分享。就是在这样艰苦的条件下，他们日夜加班。"粗估"参数的时候，要有物理直觉；昼夜不断地筹划计算时，要有数学见地；决定方案时，要有勇进的胆识和稳健的判断。

邓稼先不仅在秘密科研院所里费尽心血，还经常到飞沙走石的戈壁试验场。他冒着酷暑严寒，在试验场度过了整整 8 年的单身汉生活，有 15 次在现场领导核试验，从而掌握了大量的第一手材料。1964 年 10 月，中国成功爆炸的第一颗原子弹，就是由他最后签字确定了设计方案。他还率领研究人员在试验后迅速进入爆炸现场采样，以证实效果。他又同于敏等人投入对氢弹的研究。按照"邓—于方案"，终于制成了氢弹，并于原子弹爆炸后的两年零八个月试验成功。这同法国用 8 年、美国用 7 年、苏联用 4 年的时间相比，创造了世界上最快的速度。

邓稼先虽长期担任核试验的领导工作，却本着对工作极端负责的态度，在最关键、最危险的时候出现在第一线。一次，航投试验时出现降落伞事故，原子弹坠地被摔裂。邓稼先深知危险，却一个人抢上前去把摔破的原子弹碎片拿到手里仔细检验。身为医学教授的妻子知道他"抱"了摔裂的原子弹，在邓稼先回北京时强拉他去检查。结果发现在他的小便中带有放射性物质，肝脏被损，骨髓里也侵入了放射物。随后，邓稼先仍坚持回核试验基地。医生强迫他住院并通知他已患有癌症。他无力地倒在病床上，面对自己妻子以及国防部长张爱萍的安慰，平静地说："我知道这一天会来的，但没想到它来得这样快。"在他去世 13 年后，1999 年国庆 50 周年前夕，党中央、国务院和中央军委又向邓稼先追授了金质的"两弹一星功勋奖章"。

学习活动7　拓展资源

1. 点火枪喷头逆向造型和创新设计 PPT。
2. 点火枪坐标对齐微课。
3. 点火枪喷头主体建模微课。
4. 点火枪底座特征建模微课。
5. 点火枪连接特征建模微课。
6. 点火枪喷头创新设计微课。
7. 点火枪 STL 数据。
8. 课后练习。

7-3-1 点火枪坐标对齐微课

7-3-2 点火枪喷头主体建模微课

7-3-3 点火枪底座特征建模微课

7-3-4 点火枪连接特征建模微课

7-3-5 点火枪喷头创新设计微课

任务四　人脸识别测温门设计与安装

综合职业能力是一个人在现代社会中生存生活、从事职业活动和实现全面发展的主观条件，包括职业知识和技能，分析和解决问题的能力，信息接收和处理能力，经营管理、社会交往能力，不断学习的能力。本节主要通过对人脸识别测温门设计与安装的学习，培养综合职业能力，学会解决工程项目问题的方法。

学习活动1　学习目标

技能目标：

（1）能够掌握综合职业能力的 8 项指标，提高做事的科学性和实用性。

（2）能够运用综合职业能力的六步法解决工程项目中的问题。

知识目标：

（1）掌握人脸识别测温门的修复设计与安装方法。

（2）了解 COMET 职业能力测评的方法。

素养目标：

（1）培养耐心、细心、恒心的工匠精神。

（2）培养干一行、爱一行、精一行的敬业精神。

（3）通过采用 COMET 职业能力测评，提升学习者自我评价能力。

学习活动2　任务描述

情景描述：某学校为应对新冠疫情防疫需要，在原 A 栋教学楼入口处安装了一套人脸识别测温门，由于该教学楼最近装修施工，将该测温门拆迁并计划安装至综合实训楼一楼入口处。在拆迁搬运过程中，因工人操作不当而导致测温门部件损坏。经检查发现：测温门主体结构部分完好，电路系统正常运行，可以继续使用，但测温探头塑料底座碎裂，导致测温探头无法安装到位。经进一步了解发现，该测温门型号为热销款，厂家配件需要等待一周，故需要及时定制，以免影响正常防疫工作和教学秩序。原测温门结构和测温探头构件如图 7-206 和图 7-207 所示。

学校后勤管理部门找到 M 服务公司，请求其帮忙解决问题，M 服务公司派人到安装现场后进一步了解到如下情况：

1）测温门尺寸为 2000mm×800mm×500mm，框架主体材料为钢质，形态完好，接地安装孔无变形，可以继续使用。

2）经过电路测试，硬件和软件均可正常运行。

3）人脸识别测温探头原塑料材质的安装底座损毁，无法继续使用，需要更换。

4）新安装处有测温门所需的 220V 市电接口，测温门为边框下角出线，两边各 4 根膨胀螺钉接地固定，安装时需要风钻对地打孔，打线槽铺地下管线。

5）新安装地点在实训楼一楼入口处，该处有 15°向下斜坡，如图 7-208 新安装地点示意图所示，由于教室开门及其他障碍物影响，安装点须靠近斜坡点，为安全起见，不允许把测温门倾斜安装。这样一来，人脸识别及测温效果就会受到斜坡的影响，应注意发挥3D 打印优势加以解决。

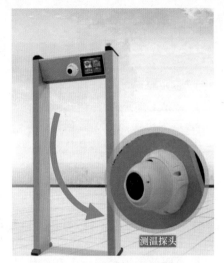

图 7-206　测温门整体图

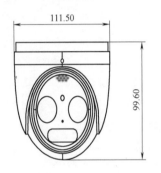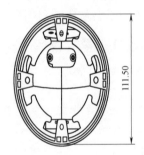

图 7-207　人脸识别测温一体化测温探头结构及底座

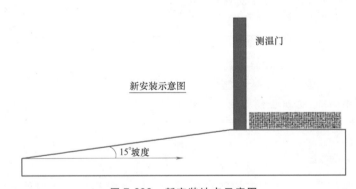

图 7-208　新安装地点示意图

6）新安装地点靠近露天，下雨天时容易飘雨打湿测温探头，同时也严重影响人脸识别及测温效果，应注意发挥 3D 打印优势加以解决。

7）学校后勤管理部门要求 3 天内将该测温门投入使用。

8）考虑到公司 3D 打印机在使用中可能会遇到的问题，为避免造成工期延误，要求相关部门根据公司现有资源（现有材料设备有金属管材、3D 打印机及其打印耗材等，其中：设备主要有 CT-300 和 CT-005Pro；耗材主要有 PLA 和光敏树脂等），分别制订以下设备故障问题的解决预案：①FDM 机器 CT-300 在使用过程中，机器不执行打印工作、喷头不出料问题；

②LCD 机器 CT-005Pro 在使用过程中，机器无法上传文件和界面一直显示正在打印中，屏幕触摸失灵。CT-300 和 CT-005Pro 典型故障及解决方法可参考表 7-4 和表 7-5。

表 7-4 3D 打印机 CT-300 典型故障及解决办法

序号	故障描述	故障分析	解决办法
1	达到打印温度,机器无动作	查看打印文件名是否含有中文或特殊符号	重新设置文件名为数字、字母
		查看打印文件代码是否完整	重新生成文件,重新导出打印文件并检查打印代码完整性
		查看断料检测开关是否亮起	检查断料线路连接,重新安装耗材
		查看 USB 线路是否完好	重装 USB 延长线,并检查 U 盘是否完好
2	打印开始,耗材无挤出	耗材是否装填到位	装填耗材,并确保加热装填下耗材可以挤出
		是否有进行调平	按照说明进行调平操作
		出料通道是否阻塞	确定是否堵塞,如有堵塞,则按照说明进行清理
3	打印开始,超出打印范围	软件尺寸设置是否正确	检查软件尺寸设置是否正确,并重新导出文件
4	打印中模型未粘在平台上	确认调平过程中,喷嘴和平台间隙是否太大	重新调平,标准为 A4 纸能感觉有轻微刮痕
5	底部支撑总是粘不住、容易倒	支撑和平台接触面积太小	在切片时给模型加底座
6	打印过程中自动停止	切片文件是否完整导出来	切片不成功或没完全导出,重新切片或等待导出进度缓冲完成即可
		数据传输问题	打印过程中传输文件中断,重新拔插 U 盘即可

表 7-5 3D 打印机 CT-005Pro 典型故障及解决办法

序号	故障描述	故障分析	解决办法
1	无法上传文件	查看 U 盘是否能正常读出	尝试更换 U 盘测试
		查看打印文件格式是否正确	重新导入 U 盘打印文件
		打印机内是否有同名文件	删除打印机内的同名文件或改写文件名
		机器系统 BUG	重启机器
		打印文件是否完整	重新生成打印文件,重新导入
2	选择打印文件不执行或一直显示正在准备打印文件	上传文件过程中文件损坏	重新上传
		打印文件 ID 和机器 ID 不同	软件输入机器 ID,重新生成文件
		机器系统 BUG	重启机器
3	切片时显示磁盘已满	检查导出文件占用内存是否过大	更换更大内存 U 盘
		切片过程中文件损坏	重新切片
4	模型总是粘不住,平台上面没有模型	确认切片软件中贴合底板功能是否勾选	切片时,模型保存之前,勾选贴合底板功能
		确认切片时支撑是否加好	重新切片,保证有足够的支撑
		确认曝光时间是否过短	重新切片,适当增加曝光时间参数,可以 2s 为单位递增
		检查平台是否水平	重新调平

任务要求：请你以项目经理的身份和技术人员的视角，充分考虑客户要求，完成一个用时短且结构合理、美观耐用，符合经济环保理念的测温探头底座及防飘雨打湿的定制解决方案。尽可能详细地拟订工作计划、设计制作方案和生产流程等，并对测温门安装与施工做简要说明，对整个定制及安装工程做必要的成本分析。假如你还有其他问题，需要与委托方或者专业人员讨论的话，请你写下这些问题。请你全面详细地陈述你的建议方案并说明理由。

学习活动 3   任务分析

经研讨，明确如下技术要点：

1）测温门尺寸 2000mm×800mm×500mm，主体材料为钢质，无变形，可继续使用。

2）电路测试后，硬件、软件均可正常运行。

3）测温探头底座损坏，需更换，考虑到如遇飘泼大雨将影响探头工作。

4）测温门为边框下角出线。

5）斜坡上来人对测温效果有影响，可用 3D 打印工艺解决。

6）下雨天影响测温效果，应注意防雨水。

7）工期为 3 天，且应考虑避开学生休息及上课时间。

现有材料、设备及使用计划见表 7-6。

表 7-6   现有材料、设备及使用计划

种类	使用计划
金属管材	用于为测温探头搭建防雨棚
3D 打印机耗材	用于 3D 打印机打印模型
3D 打印机	用于生产测温探头底座，以及脚印提示牌

学习活动 4   任务实施

任务实施的总步骤按 COMET 能力模型行动维度的获取信息、制订计划、做出决策、实施计划、检查控制、总结评价六个阶段进行。

一、获取信息

1. 成立专项组

经讨论，公司领导层任命我为工程组长，并成立专项组，负责项目施工和管理工作，如图 7-209 所示。

2. 编制施工计划的依据

1）根据甲方提供的项目要求和任务。

2）根据《工程施工、装饰质量管理条例》JBJ18587。

3）根据《工程施工放射性物质监测标准》。

4）根据《施工方案管理办法》。

5）根据建筑工程环境保护管理制度。

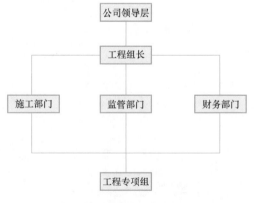

图 7-209   专项组架构

二、制订计划

1. 方案种类

工程专项组成员为了更好地让甲方满意，制订了三种设计方案，并得到了公司领导层的

认可，让甲方从中选取，达到甲方满意为止。

方案一：使用扫描仪获得底座数据模型，并用 3D 打印机打印底座模型。利用现有的金属管材，并新购蒙布，制作成雨棚，安装在测温门上方，提供防雨功能。使用 3D 打印机打印"抬头测温"字样，安装在斜坡上，以提醒师生配合测温。3D 打印底座设计为帽檐结构，即使因风力导致雨水进入防雨棚，也不会影响测温及人脸识别效果。

方案二：在方案一基础上，增加智能语音装置，提醒师生佩戴口罩。将金属防雨棚设计为可伸缩模式，以节省空间。增加防滑地垫，并在地垫上利用 3D 打印机打印"双脚足印"标志，以提示学生站在此处，抬头测量。为了提高测温数据的准确性及方便使用，增加 LED 节能灯，方便师生使用，同时在门框两侧放置免洗消毒酒精。基于人性化角度以及后期改造的考虑，在门框背面预留接线槽。

方案三：在方案二基础上，安装多角度旋转探头，可实现跟随拍摄测温。增加智能监测装置，及时发现师生身上的违禁品，如火柴、酒精等，避免带入实训楼，造成安全隐患。将防雨棚改造为隧道式设计，可杜绝雨水干扰，但工程量将增大。

2. 方案预算

（1）方案成本预算 方案成本预算见表 7-7。

表 7-7 方案成本预算 （单位：元）

方案	人工费	材料费	设计费	管理费	合计
方案一	800	3000	300	300	4400
方案二	800	3250	350	400	4800
方案三	2100	4500	500	500	7600

（2）方案工期预算 方案工期预算见表 7-8。

表 7-8 方案工期预算

方案	工期/d	人数/人
方案一	2	4
方案二	2	4
方案三	3	7

3. 设备故障处理预案

考虑公司 3D 打印机可能出现的问题，为避免延误工期，制订如下设备问题的故障处理预案：

1）FDM 机器 CT-300 故障处理预案，如图 7-210 所示。

2）LCD 机器 CT-005Pro 故障处理预案，如图 7-211 所示。

三、做出决策

将上述三套方案以及使用说明、成本预算、工期预算提供给甲方，并说明注意事项。经与甲方领导商讨确定，并且甲方领导与项目负责人一致认为方案二是最优方案，能够完全满足需要，最终选定方案二。设计方案效果如图 7-212 所示。

防雨棚的设置会使雨水向两侧流，不会影响测温效果，同时避免师生淋雨；测温探头的安装应考虑到师生平均身高 170cm 以及斜面角度 15°，尽量保证测温探头与斜面平行；接线槽的预留基于人性化处理角度，为后续维/修改造提供便利。该方案的主要材料清单见表 7-9。

四、实施计划

1. 安全施工保证措施及文明施工

1）特殊工种作业必须持证上岗。

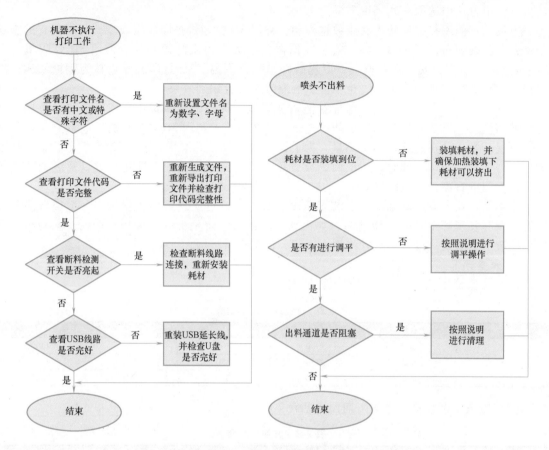

图 7-210　CT-300 故障处理预案

表 7-9　方案主要材料清单

序号	名称	数量	单价/元	总价/元	备注
1	金属管材	4 根	600	2400	3m/根
2	3D 打印耗材	4 卷	100	400	
3	电线	4 根	25	100	4m/根
4	防滑垫	1 张	100	100	
5	LED 节能灯	1 个	3	3	
6	智能语音装置	1 个	200	200	
7	蒙布	1 张	50	50	
合计				3253	

2）所有施工人员必须进行三级安全教育。

3）材料需存储在阴凉通风处。

4）公司每日派一名工作人员进行消防值班。

5）施工前需做好防护措施，如穿防尘服、戴口罩等，并检查防护装置质量。

2. 安全施工行为规范

1）《电工安全施工操作规范》。

2）《工地安全施工行为准则》。

3）《3D 打印机安全操作规范》。

4）《施工现场环境保护管理制度》。

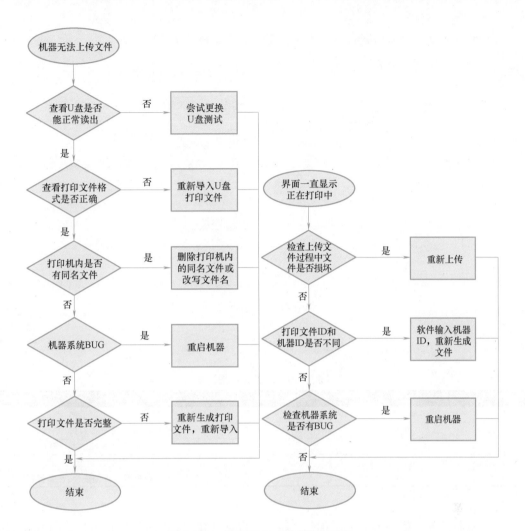

图 7-211 CT-005Pro 故障处理预案

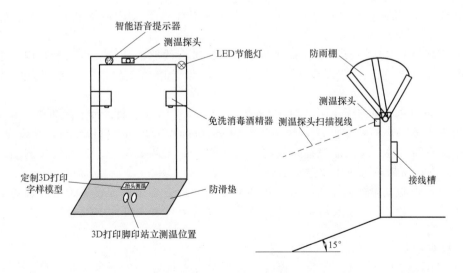

图 7-212 设计方案效果图

3. 工程质量管理

我公司与甲方、质监站联合监督工程质量，分工如图 7-213 所示。

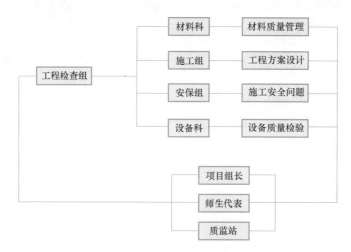

图 7-213　分工示意图

4. 人员安排

施工人员安排见表 7-10。

表 7-10　施工人员安排表

序号	工种	数量/人	工作内容
1	架子工	2	搭建现场施工脚手架
2	电工	1	电路安装及设备调试
3	3D 模型设计员	1	对底座、脚印、字体等模型进行设计
4	增材制造设备操作员	1	生产 3D 打印模型
5	力工	3	现场施工中模型及组件的安装,设备搬运

5. 施工顺序

（1）前期准备　第一天上午，获取底座模型数据并建模，使用 3D 打印机进行模型打印；向学校报备施工进展及施工问题，通知师生不要在施工现场随意走动；了解学生上课时间，在上课及休息时间静音作业，在课间时间进行噪声作业；采购所需材料，电工现场勘查线路。

（2）现场拆装　第一天下午，将地角处开槽，进行线路的连接。可循环利用取下的地板砖。考虑到人性化设计，在 1.4～1.6m 处的门框上设计电路连接槽，方便工人作业及后期检修。

（3）现场组装　第二天上午，对 3D 模型进行组装，清理地面，铺上防滑垫，并安装上脚印及"抬头测温"字样模型。已知底座尺寸为 99.6mm×99.6mm×111.5mm，斜坡为 15°，所以工人在安装探头时，应保证扫描路线与坡面平行。电工调试电路，工人轮流测温，保证设备准确性。在设备搬运过程中要避免出现设备磕碰。

（4）清理现场　第二天下午，各工种协同办公，拆去施工所需设备，清理现场，可用喷壶喷洒现场，防止尘土飞扬及污染环境。将模型边角余料放入可回收垃圾箱，电源线路保存以备后续使用。

五、检查控制

在清理工作结束后，我公司将工程施工报告与成本核算结果清单一并交付给甲方，并讲解设备功能及操作注意事项，解释保修条例及服务三包事项。甲方认为施工质量达到了设计要求，甲方同意并签字后，工程结束。保修条例及服务三包事项具体如下：

1）保修期为三年，三年内出现非人为的工程质量及使用功能问题，我方可免费维修或更换，直至设备能够正常使用。

2）在保修期内，出现非授权人的人为操作导致工程质量出现问题，需向我方出具详细的问题描述书面报告，我方可派人上门维修。

3）在工程交付后，若出现不可抗拒的破坏，如地震、洪水等，或需对工程进行进一步的改造和维修，我方可免费提供设计方案。

学习活动5 任务评价

对学习者完成的任务采用 COMET 能力模型进行评价。评分者按照观测评分点给学习者的测评解决方案打分。具体评价见表 7-11。

表 7-11 基于 COMET 能力测评评价表

能力模块	序号	评分项说明	完全不符合	基本不符合	基本符合	完全符合
直观性	1	对委托方来说，解决方案的表述是否容易理解？				√
	2	对专业人员来说，是否恰当地描述了解决方案？				√
	3	是否直观形象地说明了任务的解决方案（如：用图/表）？				√
	4	解决方案的层次结构是否分明？描述解决方案的条理是否清晰？				√
	5	解决方案是否与专业规范或技术标准相符合（从理论、实践、制图、数学和语言）？				√
功能性	6	解决方案是否满足功能性要求？				√
	7	是否达到"技术先进水平"？				√
	8	解决方案是否可以实施？				√
	9	是否（从职业活动的角度）说明了理由？				√
	10	表述的解决方案是否正确？				√
使用价值导向性	11	解决方案是否提供方便的保养和维修？				√
	12	解决方案是否考虑到功能扩展的可能性？				√
	13	解决方案中是否考虑到如何避免干扰并且说明了理由？				√
	14	对于使用者来说，解决方案是否方便、易于使用？				√
	15	对委托方（客户）来说，解决方案（如：设备）是否具有使用价值？				√
经济性	16	解决方案实施的成本是否较低？			√	
	17	时间与人员配置是否满足实施方案的要求？				√
	18	是否考虑到投入与收益之间的关系并说明理由？				√
	19	是否考虑到后续成本并说明理由？				√
	20	是否考虑到实施方案的过程（工作过程）的效率？			√	
工作过程导向性	21	解决方案是否适应企业生产流程和组织架构（含自己企业和客户）？			√	
	22	解决方案是否以工作过程知识为基础（而不仅是书本知识）？				√
	23	是否考虑到上游和下游的生产流程并说明？				√
	24	解决方案是否反映出与职业典型的工作过程相关的能力？				√
	25	解决方案中是否考虑到超出本职业工作范围的内容？				√
社会接受度	26	解决方案在多大程度上考虑到人性化的工作设计和组织设计方面的可能性？				√
	27	是否考虑到健康保护方面的内容并说明理由？				√
	28	是否考虑到人体工程学方面的要求并说明理由？				√
	29	是否注意到工作安全和事故防范方面的规定与准则？				√
	30	解决方案在多大程度上考虑到对社会造成的影响？				√

（续）

能力模块	序号	评分项说明	完全不符合	基本不符合	基本符合	完全符合
环保性	31	是否考虑到环境保护方面的相关规定并说明理由？			√	
	32	解决方案是否考虑到所用材料是否符合环境可持续发展的要求？				√
	33	解决方案在多大程度上考虑到环境友好的工作设计？				√
	34	是否考虑到废物的回收和再利用并说明理由？			√	
	35	是否考虑到节能和能量效率的控制？				√
创新性	36	解决方案是否包含特别的和有意思的想法？			√	
	37	是否形成一个既有新意同时又有意义的解决方案？				√
	38	解决方案是否具有创新性？				√
	39	解决方案是否显示出对问题的敏感性？		√		
	40	解决方案中，是否充分利用了任务所提供的设计（创新）空间？		√		
小计				2	12	96
合计					110	

评价总结：对该公司完成的任务情况使用 COMET 评分表进行评价，工作过程按 8 个模块 40 个观测点逐一打分，按完全符合得 3 分、基本符合得 2 分、基本不符合得 1 分的标准总分达到 110 分。总体完成很好，40 个观测点没有一个完全不符合的，完全符合的有 32 个。不足之处：实施方案中的工作效率和施工成本没有详细说明；客户的组织架构没有体现；施工时的环境保护和边角废料的回收没有描述；解决方案包含的有意思的想法比较平淡，不够特别；没有充分显示出解决问题的敏感性，提供的创新空间不明显。

学习活动 6　人物风采

修复西洋古钟，与古代匠人通过技艺实现跨时空对话的大国工匠——王津

　　故宫钟表馆里每一件西洋钟表都称得上是稀世杰作，它们是当初西方各国使节来华觐见时献上的国礼，充分展现了当时西方国家的匠作水准和民族文化智慧。高 122cm 的"铜镀金乐箱水法双马驮钟"便是当时乾隆皇帝收到的一份国礼，如今它已经二百多岁，机芯老化、部件缺损。已在故宫钟表修复室干了 39 年的王津师傅认准了这个活儿。保管部门的修复要求只有十个字："粘补外壳，恢复机件功能"。王津对这座双马驮钟进行整体拆卸、清洗、除锈、锉削、补齿、焊接、装配和调试，各项工序加起来上百道。修补断齿，主要考验锉功。将一块铜料锉磨成米粒般大小焊在齿轮上，再锉出与原件一致的磨损。所有功夫活儿都遵循一个原则：对文物的干预最小，这是铁律。他在不起眼的齿轮背后，会时而见到制钟匠人留下的标记。每一个搭扣、咬合、旋转，将动力精准地转换成演绎、音乐和走时等各种复杂的功能。在这座精密的机械宫殿里，王津隐隐感受着跨越时空的工匠对话。

　　2016 年 8 月 3 日，经过几个月的屏息凝神，这座铜镀金乐箱水法双马驮钟的机芯修复接近了尾声。54 根水法、28 个人物造型、4 套音乐、上千个零件，在王津的手中复原如初。

　　39 年里，王津过手的古钟表有两三百件。王津工作的桌子边缘被磨出了深深的沟痕。在与异国古匠的智慧对话和技艺交流中，他日渐体会到了大匠境界。

学习活动 7　拓展资源

1. 人脸识别测温门设计与安装 PPT。
2. 人脸识别测温门设计与安装微课。
3. 应用 COMET 进行职业能力测评案例微课。
4. 课后练习。

7-4-1　人脸识别测温门设计与安装微课

7-4-2　应用 COMET 进行职业能力测评案例微课

参 考 文 献

［1］ 刘永利. 逆向工程及 3D 打印技术应用 ［M］. 西安：西安交通大学出版社，2018.
［2］ 陈雪芳，孙春华. 逆向工程与快速成型技术应用 ［M］. 北京：机械工业出版社，2015.
［3］ 王永信，邱志惠. 逆向工程及检测技术与应用 ［M］. 西安：西安交通大学出版社，2014.
［4］ 程思源，杨雪荣. Geomagic Qualify 三维检测技术及应用 ［M］. 北京：清华大学出版社，2012.
［5］ 殷红梅；刘永利. 逆向设计及其检测技术 ［M］. 北京：机械工业出版社，2020.